愛知大学綜合郷土研究所ブックレット

㉙

三河の農書

有薗正一郎

●目　次●

〈写真１〉「釜屋建て」家屋（左が母屋、右が釜屋）
（2014年6月8日　愛知県新城市桜淵公園で筆者撮影）

〈写真2〉赤坂宿の街並み（1994年11月筆者撮影）

〈写真3〉赤坂宿の背後の畑（1994年11月筆者撮影）

〈写真4〉 発芽1か月後(6月中旬)の
木綿株

〈写真5〉 開花期の木綿株

〈写真6〉木綿の花

〈写真7〉成熟した実綿

はしがき

私は地理学徒の一人です。地理学は何かをモノサシ（指標）にしていくつかの地域を比べて、それぞれの地域が固有に持つ性格（地域性）を明らかにする科学です。私は四〇年余りの間、近世に著作された農書が記述する農耕技術をモノサシ（指標）にして、農書が著作された地域の性格を明らかにする作業をおこなってきました。この本は、三河国で近世に著作された農書を使って、私がこれまでおこなってきた諸作業の方法と、明らかになったことを、読者各位に披露するために編修しました。

四〇年余り前、私は現代の農業をモノサシ（指標）に使って、各地域の性格を明らかにする作業をおこなっていました。そして、行き着いた所が、「日本の農耕技術の歴史の中で、今の農業をどのように位置付ければよいか」の疑問でした。

この疑問を解く鍵はなかなか見つかりませんでしたが、ある日、大学生協の本屋に古島敏雄著『日本農学史』という表題の本が置いてあったので、書架から取り出してパラパラめくっていくと、近世の章は「農書」と称する史料を使って、農耕技術の発展過程と地域性がわかりやすく記述されていました。まさに「目からウロコ」で、これが近世農書との出会いです。

農書の技術から地域性を明らかにする作業をおこない始めて五年ほど過ぎた頃に、愛知県新城市図書館が所蔵する、『農業時《のうぎょうとき》の栞《しおり》』という表題の手書き本と出会いました。その内容は、三河国平坦地の環境に適応する木綿《わた》の耕作法を、宮崎安貞《みやざきやすさだ》が著作した『農業全書《のうぎょうぜんしょ》』と対比する方式で記述した、天明の飢饉の頃に著作された農書でした。

『農業時の栞』が記述する内容は、特に進んでも遅れてもいない、中進地の農耕技術であることと、どのような天候の年でも適度な量の農作物を収穫するための技術を披露していることでした。前者は三河国の農耕技術の地域性を明らかにできるデータ、後者は天明年間の不順な天候に適応しつつ、一定量の農作物を収穫するための技術の内容がわかるデータです。農書研究をおこなっている仲間に尋ねても、後者の視点で著作された農書は、ほかにはないようです。『農業時の栞』についてはⅢとⅣに記述しますので、ご覧ください。

この本は、これまで私が著作した近世農書に関わる六冊の本から、三河国の地域性を説明できる農耕技術を記述する章を拾い出し、刊行後に新たな史料を見つけたり、内容が適切でない記述がある場合は加除修正して、編修しました。この本に引用した史料と文献名は、末尾に掲載してあります。

古希の節目を越えた私には、三河の農書研究を続けられる気力と体力がありません。この本を踏み台にして、三河の農書研究を始める若者が現れるのを待つことにします。

Ⅰ　近世三河の農書類と農耕技術の水準

◉――農書について

近世以降の日本における農業経営の基礎単位は、単婚家族からなる家であった。農書とは、個々の農家ごとに普及が可能な、在来のものより進んだ営農技術を普及させるか記録するために著作された、個別経営のための農耕技術書のことである。農書のほとんどは、それぞれの著者が長年の営農経験にもとづいて、言及する地域の環境に適応しつつ、安全の枠内で最大の収穫を得るための農耕技術を記述した、経験科学書である。農書のうち、近世に著作された農書を近世農書と呼ぶ。その著作期の上限は一七世紀後半とされており、近世後半、とりわけ一九世紀に入ってからの著作数が多い。

なぜ中世までは農書は著作されなかったか。古島敏雄はその理由として、中世までは生産力の発展が集団的な慣行として維持されていたので文字にする必要がなかったこと、中世までは文字を書ける人が少なかったこと、風土の異なる中国農書の翻訳では説きえない要素を日本の農業は持っていたことの三点をあげている。

近世に入ると、農書が著作される条件が揃ってくる。中世までは村に住んで農民を支配していた小領主層が、近世になると城下に移住したために、領主と農民が直接向かいあうようになって、領主側に営農指導書が必要になったことと、貢租の村請制によって村役人層の筆記計算能力が必要になったことによって、先にあげた中世までは農書が著作されなかった理由のうち、一番目と二番目の理由は消去される。

また、近世後半は既存耕地を高度に利用する農法が普及していく時期であった。飯沼二郎は、発展段階が異なる農法間の較差が大きかった時期に、遅れた農法を否定して先進的な農法を普及させるために、農書が著作されたと記述している。

ここに、中国農書の思想と書式を一部には継承しつつも、それぞれの地域の性格に適応した農耕技術を記述する農書が著作される基盤が構築された。

◉——三河の農書と営農記録

筆者は「地域に根ざした農書」が記述する農耕技術から、その舞台になった地域の性格を明らかにする作業をおこなってきた。「地域に根ざした農書」とは、個々の農家ごとに普及が可能な農耕技術を記述していることのほか、次の四つの条件を満たす農書である。

① 著者は長年の営農経験を踏まえて著作していること

② 言及する地域の範囲が明らかなこと

③ 言及する地域への技術普及を目的にしているか、それが目的ではなくても、言及する地域への技術普及が可能なこと

【表1】三河国の農書および農事記録類一覧

史料名	著作地名	著者名	著作年	翻　刻
百姓伝記	矢作川下流域？	未詳	1681–83	日本農書全集16, 17
農業時の栞	宝飯郡赤坂村	細井宜麻	1785	日本農書全集40
農業日用集	渥美郡吉田	鈴木梁満	1805	日本農書全集23
農民常心衛置事	北設楽郡下津具村	村松与兵衛	–1816	早川孝太郎全集7
浄慈院日別雑記	渥美郡羽田村	三代の院主	1813–86	郷土研資料叢書9–13
農業夜咄	三河国？	未詳	未詳	近世地方経済史料4
徳作書	額田郡切越村？	未詳	1861	岡崎市史史料19
歳時記	額田郡土呂村	伊奈可兵衛	近世末	岡崎地方史研究紀要12
地方用心集	三河国？	未詳	未詳	愛知県史別巻

④　農作物の耕作技術を記述していること

筆者が知る限り、三河国に住む人が著作したか、著作したと推察される農書およびそれに類する史料は九つある。表1はそれぞれの概要である。これらのうち、「地域に根ざした農書」の四つの条件を満たす農書は、『農《のう》業時《ぎょうとき》の栞《しおり》』と『農業日用集《のうぎょうにちようしゅう》』である。ここでは、九つの史料それぞれについて記述内容の特徴を説明する。なお、史料中の文章を引用する場合は、その末尾に記述ページを記載する。

『百姓伝記《ひゃくしょうでんき》』は、近世農書の中でも古い時期に著作された農書のひとつであり、個々の農家の営農の規範になる農書と地方《じかた》役人の手引書である地方書《じかたしょ》の性格を併せ持つ史料である。『百姓伝記』は、著者が言及する地域の範囲がほとんどわからない。三河国西部の矢作川《やはぎがわ》流域が舞台であろうとされているが、そうであると断定できる根拠はないので、今のところ『百姓伝記』は「地域に根ざした農書」ではない。

『農業時《のうぎょうとき》の栞《しおり》』は、細井孫左衛門宜麻《よしまろ》が長年の作物の試験栽培経験と土地の老農への聞きとりにもとづき、木綿《わた》作を中心に、三河国の風土に適応した農耕技術を、三河国の百姓たちに語り聞かせる問答形式で著作した農書である。したがって、『農業時の栞』は先にあげた四つの条件をすべて満たす、「地域に根ざした農書」である。

『農業日用集《のうぎょうにちようしゅう》』は、鈴木梁満《やなまろ》が長年の営農経験にもとづき、木綿を軸に置いて各作物の農耕技術を個々に書き留めた耕作便覧式の農書である。したがって、三河国平坦地への技術普及を目的にする農書ではないが、これを読めば三河国の風土に適応した農耕技術を知ることができるので、『農業日用集』は上にあげた四つの条件をすべて満たす「地域に根ざした農書」である。

『農民常心衛置事《のうみんつねにこころえおくこと》』は、三河国北設楽郡下津具村の村松与兵衛が、自家の営農記録『作物《さくもつ》覚帳《おぼえちょう》』を資料にして、一〇種類の農作物の耕作法を要約した編纂書である。与兵衛は子孫への家訓のつもりで『農民常心衛置事』を著作したと考えられ、また村松家は下津具村の中では経営規模の大きい農家なので、『農民常心衛置事』から三河国山間部の農耕技術の全体像は描けない。

『浄慈院日別雑記《じょうじいんにちべつざっき》』は、三河国渥美郡羽田村にある浄土宗寺院（図2）の三代の院主が、文化一〇（一八一三）〜明治一九（一八八六）年に記述した日記である。記述されていることの大半は世間とのつきあいであるが、寺の自作地を住み込みの下男と臨時の雇い人たちに耕作させた作業の内容も、ほぼ毎日記述されており、当時の営農形態の一端がわかる史料である。

『農業夜咄《のうぎょうよばなし》』は農耕への精勤を説く家訓であり、著作時期と著者名はわからないが、「皇国に生まれし我子孫等農業に心を尽し尊み勤おこたるへからす」（五頁）との記述があるので、国学に関心を持つ人の著書であろう。『農業夜咄』の著者が三河の人であると断定できる記述を拾うことはできないが、三河国渥美郡花田村の人が所蔵していたことと、三河国では近世末に国学が盛んに学ばれていたことから、『農業夜咄』は近世末に三河国の人が著作した家訓であろうと、筆者は推察している。

『徳作書《とくさくしょ》』は、前半部に稲籾の土囲いと寒水浸の方法を記述し、後半部に稲の二期作の技術を記述している。前半部は近代初期に林遠里が普及させようとした技術であり、後半部は大蔵永常の著書『再種方《さいしゅほう》』（一八三二年）と同じ内容である。『徳作書』の冒頭には万延二（一八六一）年と記載されているが、これは近代に入ってから編纂された二次農書であろう。

額田《ぬかた》郡土呂村の伊奈可兵衛が記録したとされる『歳時記《さいじき》』は、豪農家における営農と生活の営みが月別にわかる史料である。したがって、『歳時記』は事実の記録ではあるが、言及する地域への農耕技術の普及を目的にする農書ではない。

『地方用心集《じかたようじんしゅう》』は三河吉田藩の農書であるとされ、個々の農作物の耕作に必要な労働力数と作季が記述されているので、近世三河国の農耕技術を説明するために使われてきた史料である。しかし、『地方用心集』には吉田藩領の性格を反映していると断定できる記述がないので、これも編纂された二次農書であろう。

◉——三河国平坦地の農耕技術の水準

近世後半の三河国平坦地における農耕技術は、主に自給肥料を使い、元肥《もとごえ》に重点を置いていたことに特徴がある。その技術水準を他地域と比べると、近世には農耕技術の先進地であった畿内から瀬戸内海沿岸にかけての諸地域には及ばないが、主に耕地の拡大で生産力を向上させる段階にあった関東地方以北よりは高い、両者の中間に位置する中進地として位置付けることができる。

近世後半の三河国平坦地の農耕技術が中進地に位置していたことを、『農業時の栞』（一七八五年）が記述する、木綿《わた》作の肥料に使う干鰯《ほしか》の施用法と、水田での稲の一毛作を例にして、説明する。なお『農業時の栞』の農耕技術については、ⅢとⅣで記述するので、ここでは要点の説明にとどめる。

（一）木綿作の肥料に使う干鰯の施用法

近世には木綿作の肥料のひとつに干鰯が使われた。干鰯は鰯網漁法の発達と水陸の輸送体系の発達によって、近世にひろく使われるようになった購入肥料である。干鰯は施用前の調製作業をほとんどおこなわなくて済み、施用後短期間に効果が現れるので、資金さえあれば手間をかけずに施用でき、施用量に見合う収穫量を期待できる肥料であった。

したがって、多くの農書が干鰯の施用法と効用を記述している。例を二つあげよう。『農業全書《のうぎょうぜんしょ》』（一六九七年）は、木綿の芽が生え揃った時に四〜五寸間隔に棒で深さ四〜五寸の穴をあけて、干鰯を埋め込む「棒糞《ぼうごゑ》」（一三巻　一三〜一四頁）と称する肥料について記述している。また『綿圃要務《めんぽようむ》』（一八三三年）は、『農業全書』の干鰯施用法を踏襲して、その手順を細かく記述している。いずれも、近世の農耕技術の先進地であった畿内から瀬戸内海沿岸にかけての諸地域でおこなわれていた干鰯の施用法である。

他方、『農業時の栞』は三河国平坦地で耕作経験を積んだ人の著作である。『農業時の栞』には干鰯と人糞と水を混ぜて腐熟させた、著者が「出しこゑ」と記述する肥料の作り方と施用法が記載されている。

ほしかに作りを生立《そだて》る能《のう》ハ薄《うす》し　雑糞《ぞうごゑ》を引立《ひきたて》　雑糞に生立《そだて》させる能《のう》と　やまひを退《しりぞ》ける能と有（一七一頁）

鰹節《かつをぶし》や椎茸《しいたけ》干瓢《かんひやう》等《とう》を出《だ》しにする心にて　煮汁《にしる》を旨《うま》くする心也　出しからハつかハぬなり出しこゑも其心にて　ほしかにて水を腐《くさら》し　其水をかける故に出しこゑと号《なづけ》たり（一八四～一八五頁）

すなわち、干鰯は人糞の肥効を高めるための、起爆剤程度の量しか使われなかったのである。『農業時の栞』はこの「出しこゑ」を木綿畑への元肥と追肥に一度ずつ施用するだけであるが、『農業全書』と『綿圃要務』は元肥のほかに追肥を三回以上施用している。三河国平坦地では、商品作物の木綿でさえ、元肥重点の施肥法がおこなわれていたのである。

次に木綿の株間について述べる。『農業全書』は木綿の株を五～六寸に一本（一三巻　一五～一六頁）、『農業時の栞』は五～六寸に二～三本の間隔にするよう記述している（一二七頁）。『農業時の栞』が密植を奨励するのは、株間が狭いので背が高くなる株に小さい実を数多くつけさせて、株数と一株当りの実の数で一定の収量を確保するためであった。

こうすれば、金と手間をかけなくても、ほどほどの収穫が得られるというのである。近代に入ってからの数値を見ると、三河国の一反歩当り実綿収量は二〇貫目ほどで、畿内の約半分だったが、作付面積が大きかったので、総収量は河内国に次いで二位に位置していた。

『農業時の栞』から見た三河国平坦地における木綿の農耕技術は、主に自給肥料を施用し、作付面積で一定の収量を確保する方式であった。干鰯の施用量は少なく、かつその役割は他の肥料の効果を高めることであった。これが農耕技術からみた場合の、中進地三河国平坦地の地域性のひとつである。

(二) 水田では一毛作をおこなっていた

水田二毛作は中世からおこなわれていたことがわかる史料がいくつかある。しかし、三河国平坦地では水田二毛作は一九世紀前半でも普及しておらず、一毛作の段階であった。水利施設が不十分だったので、来年の田植の時に田に間違いなく水を張れない危険性があり、また二毛作をおこなっても、一定の生産量を維持できる肥培管理技術が確立していなかったからである。

『農業時の栞』は冬の田の管理法について、次のように記述している。

古《いにしへ》より云《いゝ》つたへにも　冬《ふゆ》田に水をかこへといふハ　水あれハ下の土氷《こほ》らさる為《ため》也（一三五頁）

冬に水を張った田では裏作物は作付できないので、三河国平坦地の水田では一毛作がおこなわれていたことになる。冬に田に水を張るのは、土を凍らさないためであった。そうすれば粘り気のある土になって、張った水が抜けにくくなる保水効果があった（一三四頁）。『農業時の栞』は、これは古来から継承してきた技術であると記述している（一三五頁）。

冬に田面に水を張る方法は、『農業時の栞』より一世紀前に矢作川下流域を舞台にして著作されたとされる、『百姓伝記』巻九に記述されている。

（田の土を）冬より正月に至てうち　寒中の水をつけてこをらせ　土をくさらせねかすへし　土にうるほひ出来　稲生ひよく　虫付事希にして　年々稲大穂になり　米も大しぼなり（一七巻　七三頁）

『百姓伝記』は田の土を水とともに凍らせるのに対し、『農業時の栞』は田の土を凍らせないために水を張ると記述しているので、冬に田に水を入れる目的は異なるが、冬に田に水を張っておくことが稲の収量を増す方法であるとする視点では一致している。

『百姓伝記』から一五年ほど後に刊行された『農業全書』も、冬は田に水を張れと記述している。

水田《みづた》をバ水の干《ひ》ざるやうに　冬《ふゆ》よりよく包《つゝ》ミをくべし　深田《ふかた》の干《ひ》われたるハ甚よからぬものなり　寒中《かんぢう》ハ　猶《なを》よく水をためて　こほらせをきて春耕《はるたがや》すべし（一二巻　五七〜五八頁）

『農業全書』には、中国農書の引用と、畿内から瀬戸内海沿岸地域での見聞と、筑前国女原《みようばる》村における著者の営農経験が渾然一体になって記述されているので、この文章はどこの農耕技術を記述しているのかがわからない。畿内の状況を記述したのであれば、畿内でも一七世紀末はまだ水田一毛作段階であったことになるが、次に記載する『門田《かどた》の栄《さかえ》』の記述から、遅くとも一九世紀初頭には、畿内は水田二毛作段階に進展していたことがわかる。

『農業時の栞』から半世紀後の一八三〇年代に刊行された『門田の栄』は、東海道の宮宿から桑名宿に向かう船の中で、摂津国と九州と三河国と下総国の百姓たちが、営農経験や見聞を語り合う場面設定で、水田二毛作を奨励する農書である。『門田の栄』でも、三河国はまだ水田一毛作の段階であったことが、三河国の百姓の次のような語りでわかる。

> 我在所《わがさいしよ》（の三河国）にては　（中略）　水《ミづ》の中に入刈《いりかり》て其水《そのミづ》ハおとす事なく　田植《たうゝ》る迄置《おく》事也
> 世間《せけん》にいふ　少々《せう〳〵》の金《かね》を設《まう》けんより　冬田《ふゆた》に水《ミづ》をはれといへるを守《まも》り　乾《かわ》かせハ麦《むぎ》をまくに
> よき田《た》までも水《ミづ》を溜《ため》おく也（一九〇頁）

この発言に摂津国の百姓は、次のように反論して、水田二毛作を奨励する。

> 少々《せう〳〵》の商《あきな》ひをして銀《かね》を儲《もう》けんより　田《た》に水《ミづ》をはれなどゝハ　往昔《おほむかし》の人《ひと》のいひ出《いだ》せし事なる
> が　余《あま》りの戯言《たハこと》なり　かならず信用《しんよう》なく　二作取《ふたさくとる》やう心《こゝろ》がけ給へ　是《これ》天道《てんたう》さまへの御奉公
> なり（二〇七頁）

以上のことから、三河国平坦地では近世を通して水田一毛作がおこなわれていたことがわかる。近世の三河国平坦地の農家は、冬に水を張ることによって、田の生産力を維持・向上させたからである。そこには、農耕技術の先進地の畿内では近世後半に広くおこなわれていたであろう水田二毛作が普及する余地はなかった。三河国平坦地の水田農耕技術の水準は、近世を通して一毛作段階だったのである。

II 『百姓伝記』が記述する農家屋敷内の諸施設の望ましい配置

近世農書の中に、営農効率を高めるために農家屋敷内の諸施設の望ましい配置を記述した農書がいくつかあり、その中のひとつが、三河国西部の矢作川《やはぎがわ》流域に住んでいた人が著作したと推定されている『百姓伝記』(一六八一~八三年)である。

この章では、まず『百姓伝記』が推奨する農家屋敷内の諸施設の配置に関する文章を拾って記述する。次に、『百姓伝記』とほぼ同じ時期に著作された、他地域の農書の記述と対照して、『百姓伝記』が推奨する農家屋敷内諸施設の配置は、近世農家屋敷の望ましい姿であったことを記述する。

『百姓伝記』は、望ましい農家屋敷の位置と、屋敷内の各施設の配置を、次のように記述している。

屋敷かまへハ　東南地さかりにして　北西地高く日当り能事を専一とすへし　百姓の家にハ四季ともに干もの多し　南東のつまりたる屋敷ハ　万干物をするに自由ならず　樹木等藪をもたかくすへからす　北西ハ樹木しげり　藪高くあつきに徳あり(一六巻　一二一頁)

家を作事するに　我々か屋敷の中央につくるへし　四方に明地をして　秋ハ五穀雑穀を　か

らながら取込ミ　ほしかへしをするに　自然と徳多し　屋敷せまくハ　北か西へよせ　屋作りをして　東南に明地を多くすへし（同巻　一二一～一二二頁）
屋敷の惣かまへ藪にして　内の方に下水はきの溝をほりて　竹の根　屋敷へさゝぬやうにせよ　家を作る処　地形を高くして　しつけのさゝぬやうにすへし（同巻　一二二頁）
土民の家ハ　かやふきにして徳有　板屋ハ損多し　板敷も悪し　すかきよし　天井も竹にてすかきのことくつよくして　雑物をあくるやうにしたるかよし　大和天井とも　づしとも云也（同巻　一二二頁）
また『百姓伝記』は、上記のことを前提に置いて、自給肥料を作る場の位置設定法と、肥料を作る要領を、次のように記述している。
土民　馬屋を間ひろく作り　しつけすくなき処をハ　ふかくほりて　わら草を多く入て　ふますへし　（中略）　百姓ハ　第一こやしを大切にするものなる故　馬屋に念を入へし（一六巻　一二三頁）
土民の雪隠を　人々の分限に随て　大きにつくるへし　不浄処せハきハ　必こやしを手置するによからす　本屋より遠くつくりてハ　損多し　また日影木下なとをいむへし　本屋より南東へよせ　構てよし　本屋より西ハ　必ひたり勝手なり　まつ冬寒く　日当りかねてあしきなり　冷しき処ハ　こやしくさりかね　費多き事あり（同巻　一二三～一二四頁）
屋敷の東南の辺にほりをかまへ　屋敷中の惣悪水を落こませ　ちりあくたをも　つねにはき

込　くさらかして　作毛のこやしに用ゆへし　ひろきハよし　ふかきハよからす　分限によるへし（同巻　一二四頁）

屋敷まハりの藪敷ハ　外のかた高く　内のかた地ひきく成様にせよ（同巻　一二四頁）

屋敷まハり　植込をするにハ　西北にあたりてハ　冬木のるいくるしからす　風をふせくたよりとなる　冬あたゝかなり　東南にハ冬木のるい植へからす　日かけ多くなる（同巻　一二五頁）

土民の井のもとハ　日よくあたる処にほるへし　四季共に　井のもとにて雑事を洗　身を洗事多し（同巻　一二五頁）

土民の釜屋　本屋にならへ作　土座なるへし（同巻　一二六頁）

土民の屋敷にハ　種井と云て　堀をつねにほり置へし　（中略）　種かしをするに用る也（同巻　一二七頁）

土民の屋敷　つまり〳〵にちいさき桶かめをふせ置て　女わらべに大小便をさすへし（同巻　一三〇頁）

土民の家ハ大かた土座なるへし　（中略）　五穀のから其外を敷て　しつけをしのき　其くさるにしたかひて　田畠のこやしとする徳あり（同巻　一三六頁）

図1は、『百姓伝記』の記述にもとづいて筆者が描いた、農家屋敷内の各施設と耕地の望ましい配置図である。九州の南西諸島から本州の三河国に至る太平洋岸には、釜屋《かまや》と称する作業用の

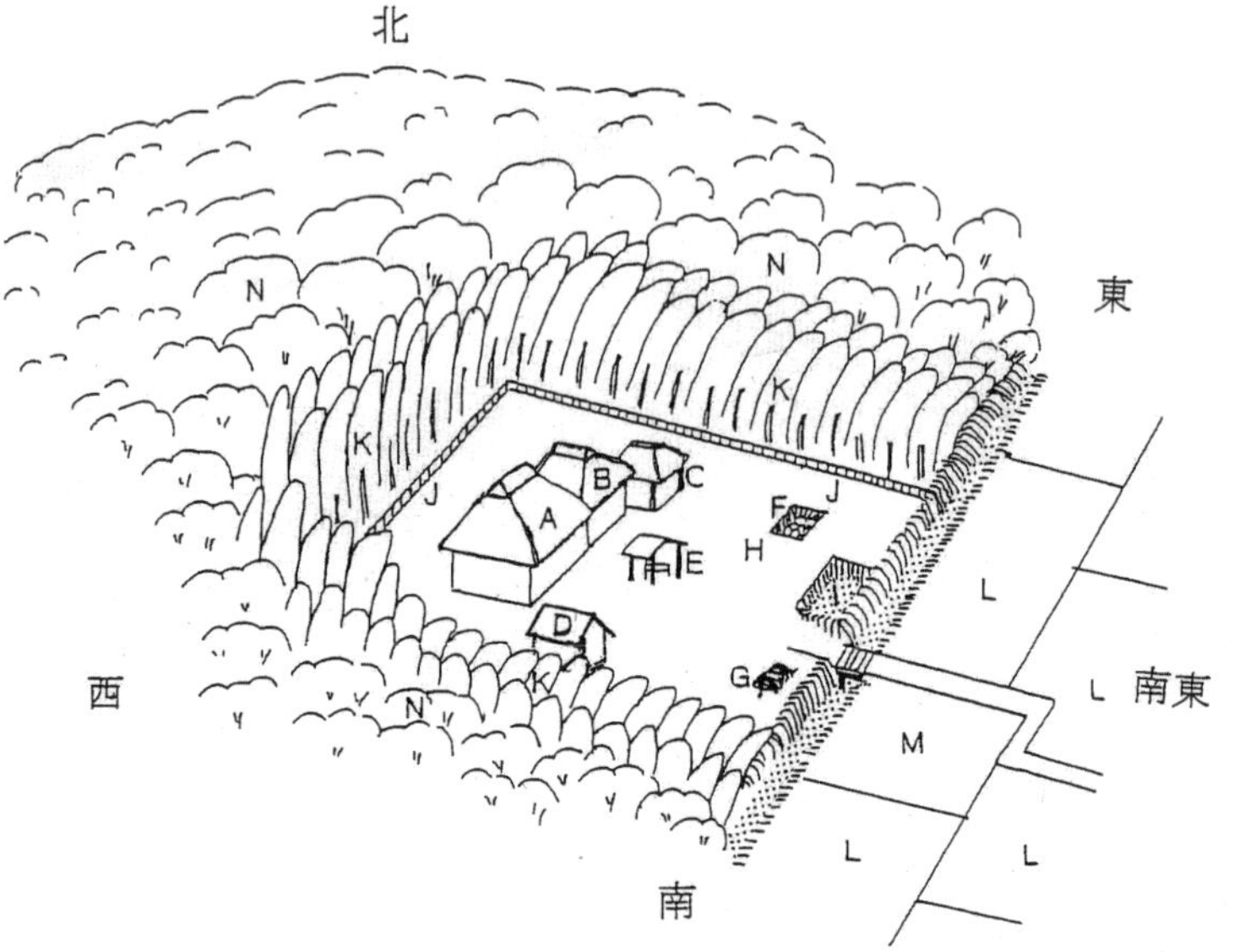

A母屋　B作業小屋　C馬小屋　D便所　E井戸　Fごみ溜め　G小便壺
H作業庭　I種籾漬け池　J溝　K竹林　L田畑　M苗代田　N後背林

【図1】『百姓伝記』の著者がイメージする農家屋敷の鳥瞰図

建物が、一辺を母屋と接して建てられていた。この様式は「二棟造《ふたむねつく》り」または「釜屋建《かまやだ》て」（写真1）と呼ばれている。上記の引用文中にも「土民の釜屋本屋にならへ作」との記述がある。したがって、『百姓伝記』の著者が想定した、農家屋敷内の諸施設と耕地の配置図は、南西諸島から三河国に至る太平洋岸で見られた姿とほぼ同じである。

伊予国の『清良記』（一六二九～五四年）は、農家屋敷内の各施設の配置と耕作する田畑の位置は、次のようにせよと記述している。

上農は　居所を専にする事　武家に究竟の城郭を構へらるゝ如く　上分の居所は　後に山を負ふて　前に田をふまへ　左りに流を用ひて　右に畑を押へ　親譲りの地方を屋敷廻りに扣て居らされは　耕作心の儘には成不申候（一〇頁）
百性の門へ指入て見るに　牛馬の家　雪隠を綺

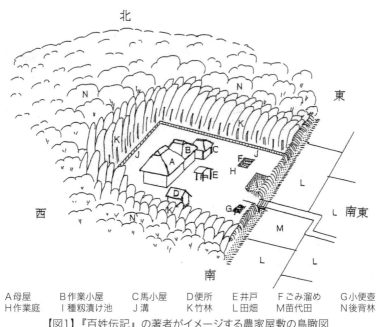

麗にし　糞沢山に持　菜薗すつきりと見事に作り　青々茸々なれは　外の田畑も見事に　公役　貢も未進をせす　上の百姓也と知るへし（一〇一頁）

岩代国の『会津農書』（一六八四年）は、農家屋敷内の各施設の配置を、次のように記述している。

農人の屋敷構ハ　南を受て　家を北の方ニ　道の有方へ寄て　前と奥に畾地を置て造るへし（中略）家の後にハ樹木を植へし　前を明かにして畾地を置ハ　前栽に色々の菜園を作り又庭ニテ万干物するによし（一九〇頁）

農人の家ハ　干物の勝手に日月受て　南向に作るへし（一九二頁）

馬屋ハ内厩に居なから見る様にしてよく　外厩ハ寒くして　馬痩る（一九五頁）

厠の内に養道具　馬道具抔入置為に広く作るへし　屎坪ハ　桶か槽を沈めてよし（一九五頁）

小便所ハ出入の口々ニ壺か槽を沈置　足洗水共に槽の内へこぼし　雨中に汲取て　作毛へかけへし（一九六頁）

稲　薪　其外品々の似宇積所ハ　家の際　土蔵の廻り　雪隠の根　隣家の近辺ヲ引離し　遠裏に積へし　家ニ近き処ハ　火事恐れあり（一九七頁）

上記の中で、『会津農書』が東北日本で著作されたことを示す記述は、「馬屋ハ内厩に居なから見る様にしてよく　外厩ハ寒くして　馬痩る」である。この文章から、冬期に母屋の暖気を同一家屋内の厩に送り込む工夫がなされていたことが読みとれる。

『農業全書』（一六九七年）は、「巻之一　農事総論」の「第十　山林之総論」に、屋敷の北西側に樹木を植えて寒風を防げば、屋敷内に暖気が溜まって、菜園畑の作物の育ちがよくなるなどの効果があると記述する。これは『百姓伝記』と共通する林の配置である。

田家《でんか》　或《あるいハ》田畠《たはた》の畔《くろ》に木《き》をうへ　常《つね》に屋しき廻《まハ》りにうゆるにも　西北《せいほく》の風寒《ふうかん》を防《ふせ》ぎ　東南《とうなん》の暖《あたゝ》かなる和気《くハき》を蓄《たくハ》へ　陽気《やうき》の内《うち》に満《みつ》る心得《こゝろえ》して　栽《うへ》ぬれば　其内《そのうち》に作《つく》る物の盛長《せいちやう》も早《はや》くよくさかへ　土地《とち》も漸肥《やうやくこへ》て　磽土《やせつち》も変《へん》じて　後《のち》ハ良田《りやうでん》となるべし（一二巻　一二一頁）

惣《そう》じて　田舎屋《でんじや》しきの廻《まハ》りに　木《き》をうゆるに　多《おほ》くの徳《とく》あり　風寒《ふうかん》をふせぐのミならず　盗《たう》賊《ぞく》の防《ふせ》ぎとなり　或《あるいハ》隣家《りんか》の火災《くハさい》の隔《へたて》ともなり　枝葉《えだは》ハ薪《たきぎ》の絶間《たえま》を助《たす》け　しん木《ぎ》ハ間《あひ》をぬき伐《きり》て　材木《ざいもく》とし　落葉《おちバ》ハ殊《こと》に田畠《たばた》の糞《こやし》によき物《もの》なり　菓樹《くハじゆ》を西北《さいほく》の方《かた》に植《うへ》　竹《たけ》を東北《とうほく》の隅《すミ》にうへて　根《ね》を西南《せいなん》の方《かた》にひかするハ　つねの事也《ことなり》（同巻　一二一〜一二二頁）

家宅《かたく》を始《はじめ》て造《つく》り営《いとな》む時に　杉檜《すぎひのき》などの良木《りやうぼく》をうへをきて　後年《こうねん》破損《はそん》のためにそなへをくべし（同巻　一二二頁）

しかし、『農業全書』には、農家屋敷内諸施設の配置に関する記述がない。『農業全書』が記載内容のモデルにした中国明代末の農書『農政全書』に、該当する記載項目がないからであろうか。

『百姓伝記』と『清良記』と『会津農書』が記述する農家屋敷の諸施設と耕地配置の理想像は共通している。すなわち、著者自身の営農経験にもとづいて、農家屋敷内の諸施設を適切な場所に置き、耕地も適切な場所に配置すれば、諸作業をおこなう時間を有効に使えるであろうことを記述しているのである。

屋敷地は南または南東向きの場所に設定し、北または北西側には林を置いて防風と堆肥素材の供給地の役割を持たせ、屋敷地内の諸施設は自給肥料作りに都合がよい場所に配置する。農作業をおこなう田畑は、日当りがよく、かつ農作業の時間が最大限にとれるように、屋敷地近辺に配置することを奨励している。

『百姓伝記』と『清良記』と『会津農書』が推奨した農家屋敷内の諸施設と耕地の配置は、北半球中緯度の夏雨気候区に属する日本列島では、理にかなう形態である。我々の祖先は、遅くとも一七世紀以降、住んでいた地域の性格を踏まえて、屋敷内に諸施設を設置し、耕地を適切に配置して、日々の農作業をおこなっていた。これがこの章の結論である。

筆者が検索した限りで、一八世紀以降、農家屋敷内の諸施設の望ましい配置を、一定の行数を費やして記述したのは、次の三農書だけである。

加賀国の『耕稼春秋』（一七〇七年）は、屋敷の北西側に竹を植えれば、風を弱めることによる気温調節ができると記述している。

百姓大小共に屋敷に竹を持ざるハ　万事に用る事の欠る物なれハ　少つゝ成共竹を植へき也
但屋敷の西北の方然るへし　東南を開きて西北を閉れハ　夏涼しくして冬暖か成　地面に能

故に草木も能実る也（二三四頁）

近江国の『農稼業事』（一七九三～一八一八年）は、食べられる果実が穫れる木を田畑の陰にならない程度に植栽することを奨励している。

屋鋪廻《やしきまハ》りには　栗《くり》　棗《なつめ》　柿《かき》などの果樹《くわじゅ》　凡此類《およそこのるい》の物《もの》をいろ〳〵植置《うえおく》べし　実《ミ》なりてハ　過《くわ》分《ぶん》の利《り》を得《う》るものなり　殊《こと》に其土地《そのとち》に応《おう》ずる物《もの》を　多《おほ》く植置《うえおけ》バ　凶年《きやうねん》の飢《うへ》を救《すく》ふ備《そなへ》ともなるべし　去《さり》ながら田畑《たはた》の陰《かげ》となるべき所《ところ》は　是《これ》を慎《つゝしむ》べし　猶又《なをまた》　屋敷境《やしきさかい》　林《はやし》　堤《つゝミ》　持山《もちやま》にても　田畑《たはた》の陰《かげ》となる木《き》ハ伐《きる》べし　殊更他人《ことさらたにん》の地陰《ちかげ》となる木《き》ハ　いよ〳〵伐《きる》べし（六八～六九頁）

甲斐国山梨郡の武士が著作した『勧農和訓抄』（一八四二年）は、農家屋敷内の日当たりのよい所に肥料小屋を置き、居宅は営農に便利な場所に造れと記述している。

農家《のうか》の普請《ふしん》ハ　第一日請能《だいいちひうけよ》き所《ところ》へ糞屋《ふんや》を広《ひろ》くつくりて　それより農業《のうぎやう》の勝《すぐれ》手よきように居宅《いたく》をつくるべし（二六五頁）

一八世紀以降に著作された農書の大半は、農家屋敷の諸施設と耕地の配置の問題はすでに解決済みであることを前提にして、紀元前一世紀の『氾勝之書』から一七世紀の『農政全書』に至る、各農作物ごとに農耕技術を記述する中国農書の書式を踏襲する『農業全書』の記載方式か、おこなうべき農作業を月ごとに記述する歳時記の記載方式を選んだからであろう。

Ⅲ　冷涼気象に適応する『農業時の栞』の農耕技術

◉――地域に根ざした農書『農業時の栞』

『農業時《のうぎょうとき》の栞《しおり》』は、三河国宝飯郡《ほいぐん》赤坂村の細井孫左衛門宜麻《よしまろ》が、一七八五（天明五）年までに著作した農書である。

細井孫左衛門は東海道赤坂宿の旅宿「紅葉屋」の亭主であった。一六八一（天和一）年の『赤坂宿家並図』と、一七三三（享保一八）年の『野田甚五兵衛代官宿改図』によると、「孫左衛門かうはふや」は、赤坂宿本陣長崎屋の二軒西隣に位置していた。また、一七七〇（明和七）年の『赤坂宿宗門人別改帳』によると、孫左衛門家には、家族五人のほか、使用人が七人、馬が一頭いた。

細井孫左衛門は長年にわたって宿場の背後の耕地で農作物の試験栽培をおこない、また土地の老農から農耕技術を学んでいる。『農業時の栞』の自序には「我レ農事《のうじ》に心を遊《あそ》ばしむる事　年久し　或《あるひ》は朝《あした》にハ田野《でんや》に奔走《ほんそう》して培《つちか》ふ客《かく》と共《とも》にして其農凶《のうきやう》を試《こゝろミ》　或は夕《ゆふへ》にハ村落《そんらく》に逍遙《せうよう》して老農《らうのう》に交《まじハり》て其精術《せいじゅつ》を問て　然して後《のち》に手ずから自《ミつから》粗《ほゞ》此事をなしぬ」（三七頁）と記述されている。とりわけ「木綿《わた》を植《うゆ》るの業《わざ》ハ　手応《てこたへ》もするかと思われ畢《おハんぬ》」（三七頁）と述べているように、木綿《わた》の耕作法には自信を持っていた。そして、自序に「愚老《ぐらう》が此書を目に触《ふれ》ん稚《おさな》き人々にも　且《かつ》ハ心の嗜《たしなめ》る引導《みちひき》の端《はし》にもなれがしと（中略）こゝやかしこと書つゝくる」（三八〜三九頁）、本文中に「此国此土地に相応《さうをう》したる作り方を物語《ものかたり》するのミ也」（一三七頁）と述べているように、栽培実験で修得した技術を三河国平坦地の人々の間に普及させるために、細井孫左衛門は『農業時の栞』を著作したのである。

筆者は、近世農書の農耕技術を指標にして、それが著作された地域の性格を明らかにする作業を、四〇年余りおこなってきた。筆者が読んだ農書は、著者は長年の営農経験があること、言及する地域の範囲が明らかなこと、その地域への技術普及を目的にするかそれが可能なこと、農作物の耕作法を記述していることの、四つの条件を満たす農書である。

『農業時の栞』はこれら四つの条件をすべて充足していることが、先に引用した文章からおわかりいただけるであろう。『農業時の栞』は、三河国平坦地における近世後半の農耕技術を明らかにしうる、「地域に根ざした農書」である。

この章では、まず『農業時の栞』の底本と著者について記述した後、次の二つの視点から『農業時の栞』を考察した結果を記述する。

第一の視点は、『農業時の栞』の著作目的を明らかにすることである。『農業時の栞』が著作された天明年間は、夏季の低温と日照不足による天候不順で、農業生産力が低下した時期であった。『農業時の栞』は、年ごとの天候に影響されることなく、一定の収穫量を確保する耕作法を記述している。この二つのことを因果関係と見なして、『農業時の栞』の著作目的を考えてみたい。また、書物は読まれないと意味がない。『農業時の栞』の著者は、読者を引き込んで自ら修得した技術を読者に理解させるための二つの工夫をしている。そのことについても記述する。

第二の視点は、『農業時の栞』が記述する農耕技術が、後の三河国の農書に受け継がれたかどうかを明らかにすることである。三河国では『農業時の栞』が著作されてから二〇年後に、『農《のう》業日用集《ぎょうにちようしゅう》』と呼ばれる農事記録に近い農書が、『農業時の栞』の木綿作技術の要点を記述している。そこで、『農業日用集』は『農業時の栞』の木綿作技術のどこを継承しているかを記述する。

◉——諸本と著者と赤坂宿

農書『農業時の栞』は二巻本で、第一巻の序および自序と、第二巻の本文末尾に天明五乙巳《きのとみ》年、第二巻の跋(あとがき)に、天明丁未《ひのとひつじ》年の記載がある。また第一巻の序に紅葉屋某、自序に紅葉亭、第二巻の跋に「細井宜麻字子蓬三州赤坂駅亭長紅葉屋孫左衛門云」(一九六頁)と記述されている。したがって『農業時の栞』は、東海道赤坂宿の旅宿の亭主であった細井孫左衛門宜麻によって、一七八五(天明五)年までに著作されたと考えられる。

『国書総目録』は、国立国会図書館の蔵書の中に二冊一組の『農業時の栞』があると記述している。

国会図書館本は縦二三センチ、横一六センチの和綴竪帳で、一冊目の表紙には『農業時の栞　乾』、二冊目の表紙には『農業時の栞　坤』と書かれた竪紙が貼ってある。乾巻は八二丁、坤巻は八〇丁ある。そして、この二冊を一冊に綴じて、帝国図書館の文字入りの表紙に『農業時の栞全』の竪紙が貼ってある。筆跡からみて、国会図書館本は全文が同一人物によって書かれており、また乾巻一丁裏に名古屋の貸本屋「大惣」の印が押されていることから、営利目的で書写された写本であると思われる。

『国書総目録』には記載されていないが、愛知県新城市《しんしろ》立図書館の蔵書の中にも二巻本の『農業時の栞』がある。これは愛知県南設楽《みなみしたら》郡《ぐん》東郷村で医者をしていた牧野文斎が、二〇世紀初頭前後に集めた約一万三千冊の蔵書のひとつである。一九三七（昭和一二）年に二代目牧野文斎はこれらの蔵書を新城町に寄贈し、現在は新城市図書館に「牧野文庫」の名で収蔵されている。

牧野文庫の『農業時の栞』は、縦二三センチ、横一六センチの和綴竪帳で、一冊目の表紙には『農業時の栞　天』、二冊目の表紙には『農業時の栞　地』と書かれた竪紙が貼ってある。牧野文庫本は全文が同一人物によって書かれているので、これも写本である。紙があまり変色していないことからみて、牧野文庫本のほうが新しい時期に写されたように思われる。しかし、牧野文庫本には虫喰いによって字が読めない部分が数か所ある。

国会図書館本と牧野文庫本の記述内容を対照すると、国会図書館本にない文章が牧野文庫本に二丁ほどあり、また牧野文庫本に欠落した文章が一か所あるほかは、全く同じ内容である。本書では、より古い時期に筆写されたと思われ、かつ虫喰いがほとんどない国会図書館本を筆者が翻刻した、『日本農書全集』本を使うことにする。

『農業時の栞』の著者である細井孫左衛門宜麻の人物像は、ほとんどわからない。『農業時の栞』の記述からわかるのは、著者は東海道赤坂宿の旅宿の亭主であったこと、尾張徳川家の農政官吏で、藩の農政改革や一七八四（天明四）年の飢饉の救恤に功績のあった人見弥右衛門が坤巻に跋文を記述しているので、尾張徳川家の農政担当者と関わりを持っていたと思われること、判明しているだけでも二六種類の和・漢・仏書を引用しており、かなりの読書人であったと思われること、農作物の栽培実験をおこない、また酒造の工程を正確に記述しているので、実践家でもあったと思われることである。

紅葉屋細井家の菩提寺は、三河国額田《ぬかた》郡桑谷《くわがい》村の浄土真宗本願寺派長善寺であった。細井宜麻の名は『農業時の栞』には孫左衛門と記述されているが、長善寺の過去帳では孫右衛門になっている。過去帳によると、『農業時の栞』の著作が終わっていた一七八五（天明五）年当時の孫右衛門の家族は、孫右衛門と二人の娘から構成されており、孫右衛門の妻は一七七三（安永二）年に死亡していた。

長善寺の過去帳には孫右衛門について、一七八八（天明八）年「十二月廿七日　吉田新銭町ニテ孫右衛門　是ハ赤坂細井孫右衛門　新銭町長兵衛借家ニテ死ス」と記載されている（図2）。一七七〇（明和七）年の『赤坂宿宗門人別改帳』に記載された孫左衛門の年齢から計算すると、六七歳で死亡したことになる。細井宜麻は三河国吉田（現在の愛知県豊橋市）の借家で、『農業時の栞』を著作してから三年後に死亡しているのである。また、孫右衛門の死亡後も生きていた

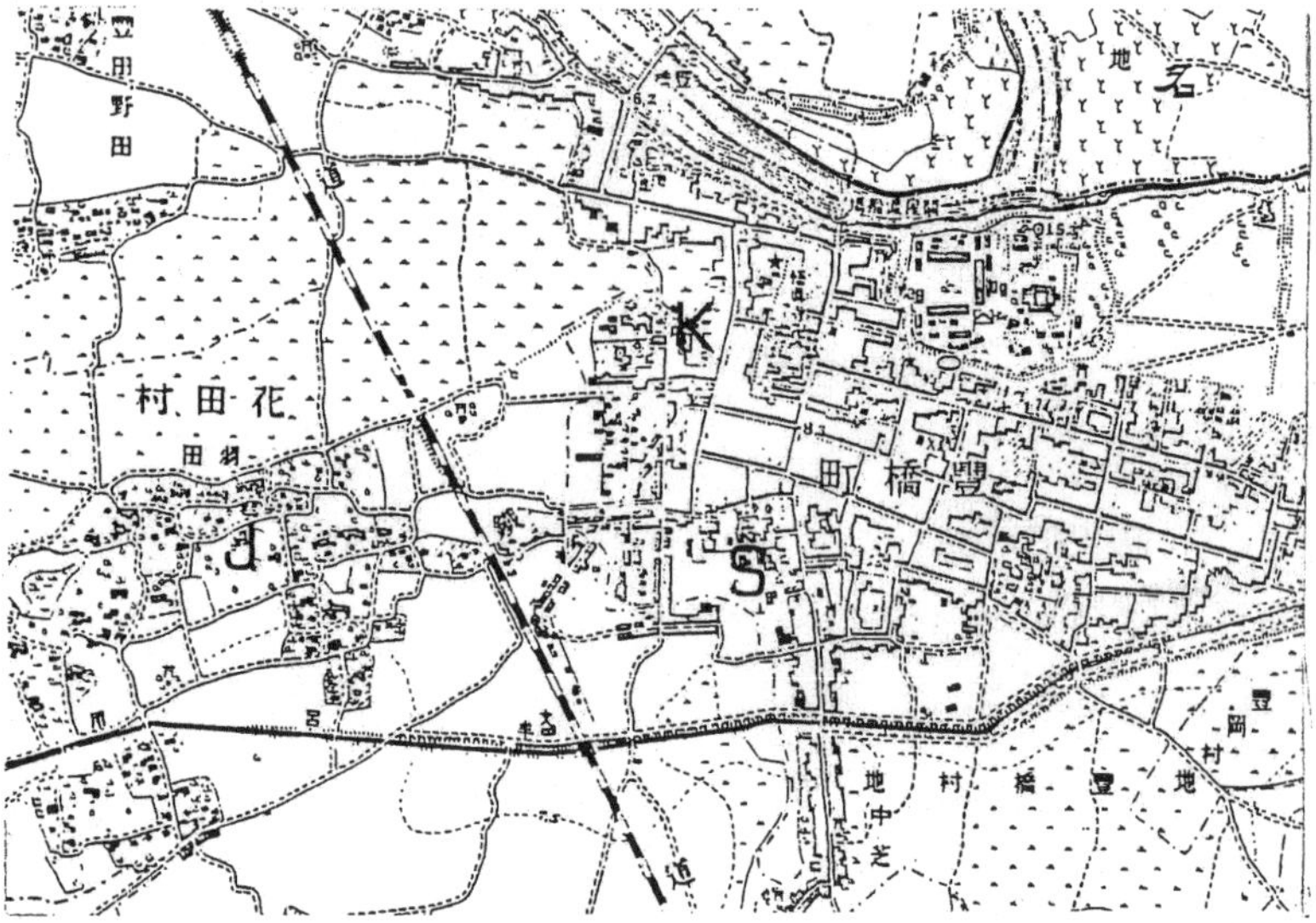

S新銭町(『農業時の栞』の著者の逝去地)　K熊野権現社(『農業日用集』の著者の居住地)
J浄慈院(『浄慈院日別雑記』の記録者の居住地)

【図2】農書および営農記録の著者の居住地

と思われる二人の娘の死亡年は、長善寺の過去帳には記載されていない。

これらのことから、細井宜麻は『農業時の栞』の著作後に、何かの理由で赤坂から吉田へ転出したのではないかと思われる。しかし、細井宜麻について、これ以上のことはわからない。

『農業時の栞』は、三河国の東部に位置する鳳来寺《ほうらいじ》に参詣する道中の百姓たちが、農耕技術に造詣が深い同行の老人と道々耕作問答する様子を、西から下ってきた旅人が書留める場面設定で記述されている。道中の問答という場面設定は、『農業時の栞』の著者が旅宿の亭主であるからこそ作れる構図であろう。

図3に示すように、鳳来寺に向かう参詣道は、御油《ごゆ》宿の東端で東海道と別れる本坂越《ほんざかごえ》に入り、さらに一里ほど進んだ所で本坂越から外れて、豊川《とよがわ》の右岸を遡《さかのぼ》り、新城《しんしろ》の陣屋町を経て、寒狭川《かんさがわ》の谷を登り、鳳来寺の門前町の門谷《かどや》にいたる道であった。赤坂宿から門谷

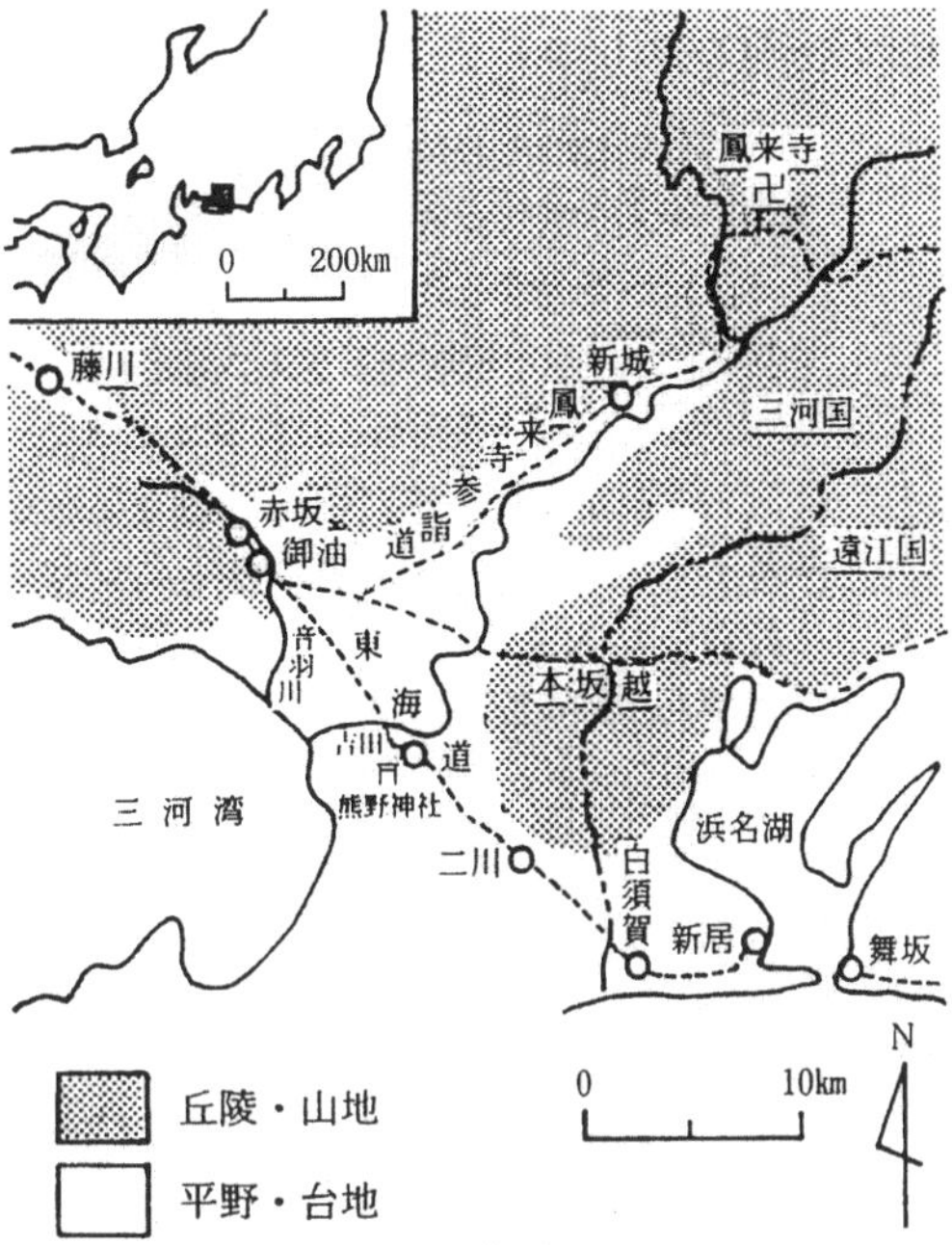

【図3】赤坂宿近辺の地形と街道の概要

までは、およそ一〇里の行程である。寺社詣のために東海道を西から東へ旅する人の多くは、鳳来寺に参詣した後、山中を東へ向かって、遠江国の秋葉山《あきばさん》に参詣してから、掛川宿（現在の静岡県掛川市）で東海道に戻っていた。赤坂宿は、東海道を外れたり戻ったりしながら、ゆっくり寺社詣をする旅人も、東海道を急いで往来する旅人も、ともに宿泊したり、休憩する場所であった（写真2）。

道連れの百姓たちに耕作法を説く老人は「我等《われら》手にかけ　色々《いろ〳〵》ためし作り覚へたる分ン計《はかり》の得《とく》失《しつ》を物語《ものかたり》するのミ也」（一八六頁）と述べている。この老人は細井宜麻自身であろうから、赤坂宿の背後の耕地で様々な作物を試作して、会得した技術の中から、三河国平坦地の人々に普及させたい部分を拾い出して、『農業時の栞』を著作したと思われる。

図4は、一八八四（明治一七）年調宝飯郡赤坂村『地籍字分全図《ちせきあざわけぜんず》』から作成した、赤坂宿近辺の土地利用図である。赤坂宿は北西から南東方向に流れ下る狭い谷の入り口に位置し、細長い街村集落は、音羽川《おとわがわ》が谷口に形成した幅広い微高地の上

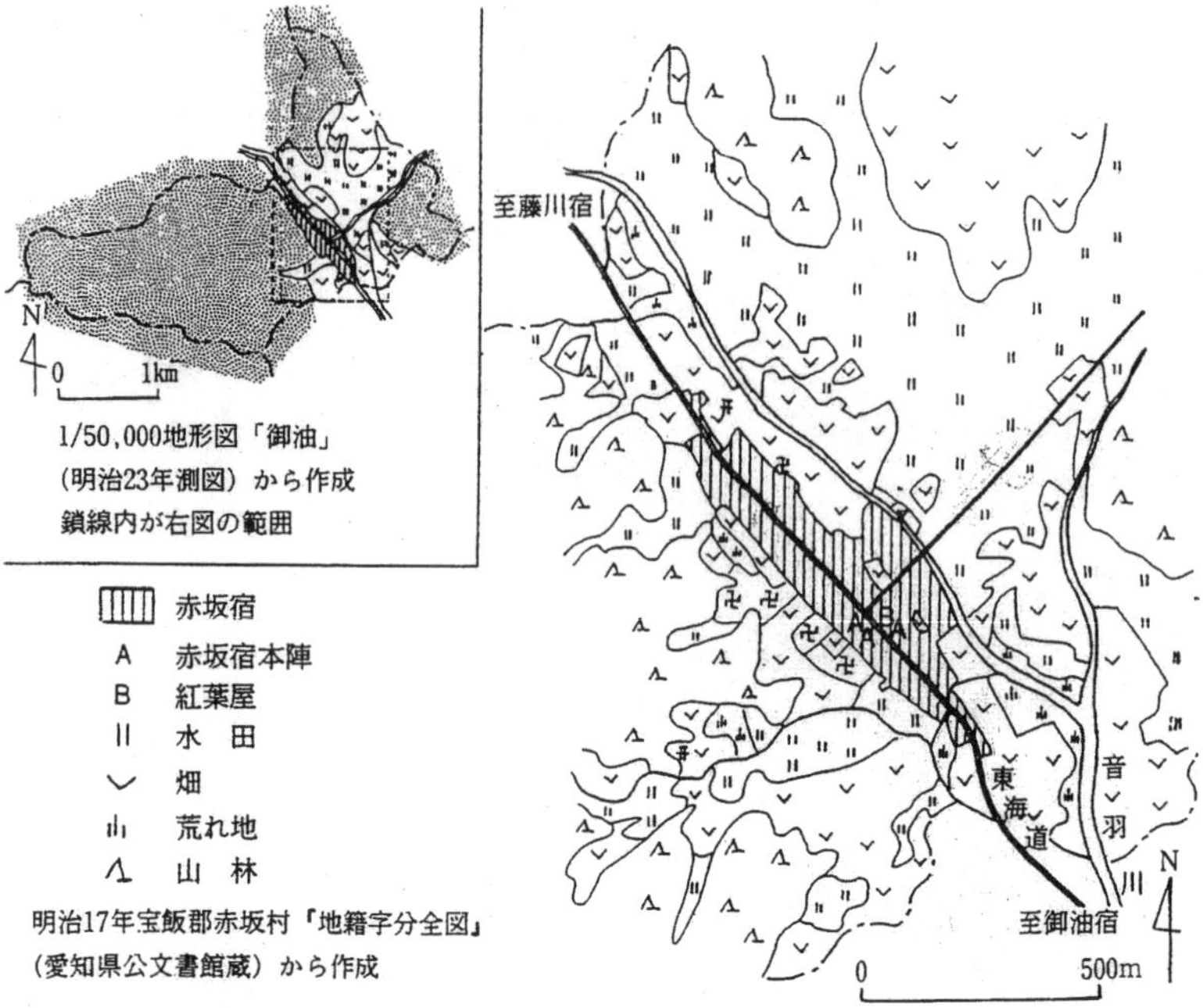

【図4】明治前期における赤坂宿近辺の土地利用

に立地している。この砂質の微高地は集落の周辺まで広がっており、ここが畑として使われていた。一八八四（明治一七）年から百年前の天明年間（一七八一〜八九年）も、このような土地利用配置をしていたと思われる。細井宜麻が栽培実験をする場所は、十分確保されていたのである。今も東海道に沿って並ぶ屋敷群の背後に、菜園程度の畑が散見される（写真３）。

◉——冷涼気象下で適度な量の農作物を収穫する技術

『農業時の栞』の著作目的は、天候が不順な年でも一定の収穫量が得られる耕作技術を、三河国平坦地の人々に普及させることにあった。

一七八三（天明三）年は夏季の低温と日照不足により、農作物の収穫量が激減して、凶作による飢饉になり、翌年も天候不順が続いて、東山道と畿内を中心に飢饉になった。次の二年間の作況は回復したが、一七八七（天明七）年には日本全体が天候不順による凶作になり、飢饉状態に陥った。天明年間の飢饉である。

『農業時の栞』は、飢饉の狭間の一七八五（天明五）年に著作されており、この時期は三河国平坦地でも天候が不順であったことが、『農業時の栞』の記述からうかがえる。

『農業時の栞』には耕作の過程における「旱・湿・風・虫・病」の様々な災害と、その対策が記述されているが、もっとも記述量が多い災害は、「そぶ」すなわち日照時間が足りず、湿気が高い時に発生する菌糸病であった。当時、三河国平坦地では雨や曇の日が多く、農作物に生育障害が起こって、満足な収穫量が得られない状態が続いていたと思われる。

そこで、天候の良否にあまり影響されない農耕技術を普及させる指導書が必要になってくる。『農業時の栞』は、このような世相の中で著作された農書である。

まず『農業時の栞』は、不作の理由を不順な天候に転嫁しないように説く。

> 凶《きやう》年の節《せつ》ハ格別《かくべつ》　我仕方《わがしかた》あしくして実《みのら》ざる時ハ　年柄《としから》に難《なん》をかこつけ　土地《とち》にとがをゆつり　あしくいふ人多し　勿体《もつたい》なき事也（六四頁）
>
> 災難外《さいなんほか》より来《きた》りたる様に思《おも》ふ心底《しんてい》　浅間敷《あさましき》事にあらずや（六五頁）

そして、毎年一定量の収穫を着実に得る農耕技術を実践することを奨励している。

> 何《いつ》れ茂《も》ハ綿《わた》を余慶《よけい》とらんと思召《おほしめす》心にりきみのある故にとれぬ也　年々多《おほ》からず少《すく》なからぬ様に作《つくり》給へ（四〇頁）

危《あやう》き海上商《かいしやうあきない》をせんよりも　年々替《かハら》すとれる様に作度《つくりたき》もの也（六一頁）

惣而人々ハ　作りを余慶《よけい》とらん事計《はかり》を思ひ　難《なん》のあらん事ハ知《しり》給わす（六二頁）

仮令《たとへ》少々ハ難年成《なんとしなり》共　農人巧者《のうにんかうしや》なれバ　難《なん》にあわざる様の工夫《くふう》をして作《つく》れハ　十ヲ以算《もつてかぞふ》れハ　六七分はまぬかるへし（六四頁）

このように多収穫の過欲を捨て、天候の良否に関係なく、一定量の収穫を得るためには、どのようにすればよいか。『農業時の栞』は次のように記述している。

別而《へつして》百姓ハ時節《じせつ》を待《まつ》が第一也（一一八頁）

そして適切な時節が到来したら、「此国此土地に相応《さうをう》したる作り方」（一三七頁）すなわち三河国平坦地の自然環境と技術水準に適合する耕作法を修得すれば、おのずと一定量の収穫を毎年得ることができるというのである。

それでは、「此国此土地に相応《さうをう》したる作り方」とはどのようなものか。他地域の耕作法と比較することによって、それが明らかになる。『農業時の栞』の著者が比較の対象として選んだのが『農業全書』であった。

●――読者を引き込むための工夫

近世には、新たな耕作技術は口伝か文字を媒体にして伝わっていた。農書は文字による媒体のひとつなので、そこに記述された技術を広めるためには、多くの人に読んでもらうための工夫が必要である。

『農業時の栞』は、著者が修得した技術を三河国平坦地の人々に普及させることを意図して書かれた農書である。そのために、『農業時の栞』の著者は二つの工夫をしている。

ひとつは、当時流布していた農書『農業全書』と対比して、『農業時の栞』の農耕技術は三河国平坦地の地域性に順応することを、読者に理解させようとした工夫である。著者の意図は、次の文章から汲みとることができる。

往昔《そのかみ》　宮崎《みやさき》子《し》貝原《かいはら》子の全書《ぜんしよ》ありて　（農耕技術の）事委《くハ》し　されども猶《なを》其くハしきをも世《よ》にしらしめん為に　愚老《ぐらう》が浅智《せんち》を尽《つく》して　及《およバ》ずながらも彼《かれ》や是《これ》やと学び得《ゑ》たる農事《のうじ》を　略《ほゞ》記《しる》し侍《はんべ》る也（三八頁）

他方、老人と耕作問答をする百姓たちは、『農業全書』の記述を信用して、木綿をはじめとする農作物の耕作に適用していた。

農業全書《のうぎやうぜんしよ》ハ筑前国宮崎氏《ちくぜんのくにミやさきうじ》の編集《へんしう》也　殊《こと》に日本に名の聞へたる　博学多才《はくかくたさい》の貝原先生《かいはらせんせい》の序跋《しよはつ》也　日本広《ひろ》しといへ共　此書を用ぬ国なし　其書を破《は》する様成申方《かた》　我も此書を信仰《しんかう》する事久し　老人の物語《ものかたり》片腹《かたはら》いたし（一三七頁）

そこで老人は『農業全書』が優れた農書であることを認めたうえで、三河国平坦地には適用できない部分を拾って、三河国平坦地の自然環境と技術水準に順応する耕作法を百姓たちに語り聞かせるのである。

彼書（『農業全書』）を我《われ》も能《よく》見たり　農書《のうしょ》に於《おゐ》てハ世界《せかい》に比類《ひるい》なき書也　去なから国土《と》地《ち》により応《おう》とあわさる事有り　彼書《かのしよ》を悪敷《あしゝ》といふにハあらねとも　此国此土地に相応《さうをう》したる作り方を物語《ものかたり》するのミ也（一三七頁）

『農業時の栞』には、『農業全書』の農耕技術に関する百姓たちと老人との問答が二一か所ある。その多くは、『農業全書』の記述の是非を百姓たちが老人に尋ねる設定になっており、そのたびに老人は三河国平坦地の自然環境と技術水準に順応する耕作法を述べている。

問答の対象になる農作物の中で、話題になる回数がもっとも多いのが木綿《わた》であった。詳細は次の章で記述するが、木綿の播種から株が生長しきった時におこなう上芽摘みまでの部分作業それぞれについて、老人は『農業全書』の技術を批判して、「此国此土地」に順応する方法を述べている。その要点は、三河国平坦地の自然環境と技術水準のもとで、精労細作した努力に見合う程度の、結果的には多くも少なくもない収穫量を確保することであった。

三河国平坦地の技術水準では、『農業全書』の耕作法で多くの収穫量が得られるのは天候に恵まれた年だけであり、天候が不順な年にはほとんど収穫がなかった。技術ではなく、天候が木綿の生育の鍵を握るからである。それに対して、三河国平坦地の自然環境と技術水準に合わせて耕作すれば、年ごとの天候の良否に収穫量が影響される度合は小さい。

『農業時の栞』の著者は、当時流布していた農書『農業全書』の技術と比べる方法で多くの読者を引き込み、自ら修得した技術を、三河国平坦地の人々に普及させようとしたのである。

もうひとつは、読者に親しみを持たせる工夫であり、その内容は二つある。第一は、漢字に読み仮名を付けていることである。読み仮名が付いておれば、仮名しか読めない人でも読めることに加えて、漢字の意味が限定されて、論旨がわかりやすくなるので、読者の数は増えるであろう。

第二は、多くの人々の関心を引くために、和漢の文献と仏教の経典を多く引用していることである。出典が明らかになっているものだけでも、和書が五種類、中国書が一五種類、仏教の経典が六種類引用されている。それらの中で、『農業全書』は二三回、『論語』は六回、『荘子』は二回引用されている。それらのほとんどが、老人の農耕技術の妥当さを説明するための、譬え話として使われている。『農業時の栞』は、農書としてではなく、教訓書や小話集として読んでも、楽しめる内容を持つ冊子でもある。

その一例をあげると、乾巻の中頃から坤巻の冒頭部まで、全記述量のほぼ三分の一を費やして、鳳来寺参りの百姓たちが休憩している茶屋に偶然居合わせた医者たちが、仏は鼠が嫌いで猫が好きである話、京都東福寺の涅槃絵像の由来の話、天文観測にもとづく作暦法の話などを、百姓たちに延々と説教する場面がある。つまるところは、「老人の物語も（中略）毎年かはらす諸作を取るゝといふが是亦《これまた》（確かなことの）証拠《しやうこ》ならん歟」（八三頁）、すなわち老人が語る農耕技術の妥当さを援護するための前置き話なのであるが、話題を次々に変えて説教するので、小話集として読んでも退屈しない。

以上述べたように、『農業時の栞』の著者は、できるだけ多くの人が読む気を起こすための工夫をしている。

●――『農業時の栞』の農耕技術は三河国の農書へ継承された

『農業時の栞』の農耕技術は、三河国平坦地にどの程度普及したか。また、どの部分がその後に著作された三河国の農書に受け継がれたか。後者については、『農業時の栞』から二〇年後に著作された『農業日用集』の記述を用いて推察することができる。

『農業日用集』は、三河国吉田(現在の豊橋市)魚町《うおまち》に鎮座する熊野権現社の社主であった鈴木梁満《やなまろ》が、一八〇五(文化二)年に著作した農書である。『農業日用集』には「はしがき」と「あとがき」がないので、鈴木梁満の著作目的はわからないが、一四種類の農作物の耕作法が農作物ごとに記述されているので、鈴木梁満本人と子孫の耕作便覧として著作されたと思われる。

『農業日用集』が耕作法を記述する一四種類の農作物のうち、もっとも記述量の多いのが木綿であり、記述総量のほぼ三分の一を占める。その中に、「農業時之栞　紅葉屋作ト云」(二七六頁)という見出しで、『農業時の栞』の木綿作技術の中で鈴木梁満が役に立つと考えたことを二つ記述している。

ひとつは、「木綿を作るに五ツの難あり　此のがれやうハ」(二七六頁)で文章を起こして、『農業時の栞』が記述する二種類の病害、花を食べる虫の害、湿害、旱害、風害への対策を要約していることである。

もうひとつは、『農業時の栞』の木綿作技術の特徴を記述していることである。すなわち「もみぢ屋流わたの作り様大要」（二七六頁）として、元肥《もとごえ》を多く施用すること、追肥《おいごえ》は早い時期に施用すること、株の上芽摘みは遅くおこなうこと、株間を狭めて密植することが紹介され、「右の如く作る時ハ　大豊年にも八九分取り　大凶年にも八九分取る仕かた也」（二七七頁）と、『農業時の栞』の木綿作技術の核心部を記述している。生長した木綿の姿も、「厚立にする故　枝ひらかず　高くのびる也　やせる也　小ぶさ也　（中略）　うらを止る事おそき故　高くのびる也　大風にあひてもいたまず」（二七七頁）と、『農業時の栞』の記述を適確に要約している。

『農業日用集』の木綿への施肥法と肥料の種類は、元肥が土肥と煤《すす》と小便と干鰯《ほしか》の粉を混ぜたもの、一回目の追肥が十分に発酵させた肥料を小便で薄めたもの、二〜四回目が十分に発酵させた肥料である。したがって、追肥には自給肥料を使ったようである。『農業時の栞』との相違は、『農業日用集』のほうが追肥の回数が多いことであるが、ともに元肥に重点を置いていることと、干鰯よりも自給肥料の施用量が多いことからみて、『農業時の栞』と『農業日用集』の施肥技術の水準に違いはないと、筆者は考える。

以上のことから、鈴木梁満は『農業時の栞』の木綿作技術を参考にして、木綿作をおこなっていたと考えられる。したがって、木綿作に関しては、『農業時の栞』の農耕技術は、知識として三河国平坦地を対象にする農書に引用されただけでなく、この地域の人々の間に実用技術として普及していったと思われる。その根底には、『農業時の栞』が先端技術ではなく、三河国平坦地の技術水準に合わせた、資金は乏しくても労力を適切に投下すれば適度な収穫量を得る技術を記述したことが、影響しているからであろう。

Ⅳ 『農業時の栞』の木綿作技術の地域性

◉――『農業時の栞』が説く木綿の耕作法

木綿はユーラシア大陸亜熱帯原産のあおい科ワタ属の一年生草本である。日本では一六世紀後半に中国から種子を持ち込んで木綿作が始まった。日本の庶民は中世まで麻糸を素材にする衣類を着ていたが、繊維が細くて縦糸と横糸の目が細かいために保温性が高い綿織物が近世前半に普及した。そして、綿布の素材になる木綿を作る産地が西南日本の各地に形成された。

木綿は八十八夜頃に播種し、生長すると株丈は一メートルほどになる（写真４・５）。現行暦の八～九月に黄色の花が咲き、開花一か月後頃に熟した実がゆっくり開くので、種子が入っているワタ毛を摘みとる（写真６・７）。木綿は開花期が長いので、収穫後の株抜きは現行暦の一〇月後半以降におこなう。

農書『農業時の栞』は、一五人ほどの百姓と農耕の技術に造詣が深い老人との、耕作問答の形で話題が展開していく書式をとっている。これらの登場人物は営農経験を積んでいるうえに、『農業全書』をかなり読み込んでいることが、問答の内容からわかる。したがって、個々の農作物の耕作法は、それぞれが熟知しており、その上に立って問答が交わされているので、『農業時の栞』は、いわば三河国平坦地の農耕技術に関する応用問題の農書である。そのために、農作物の耕作

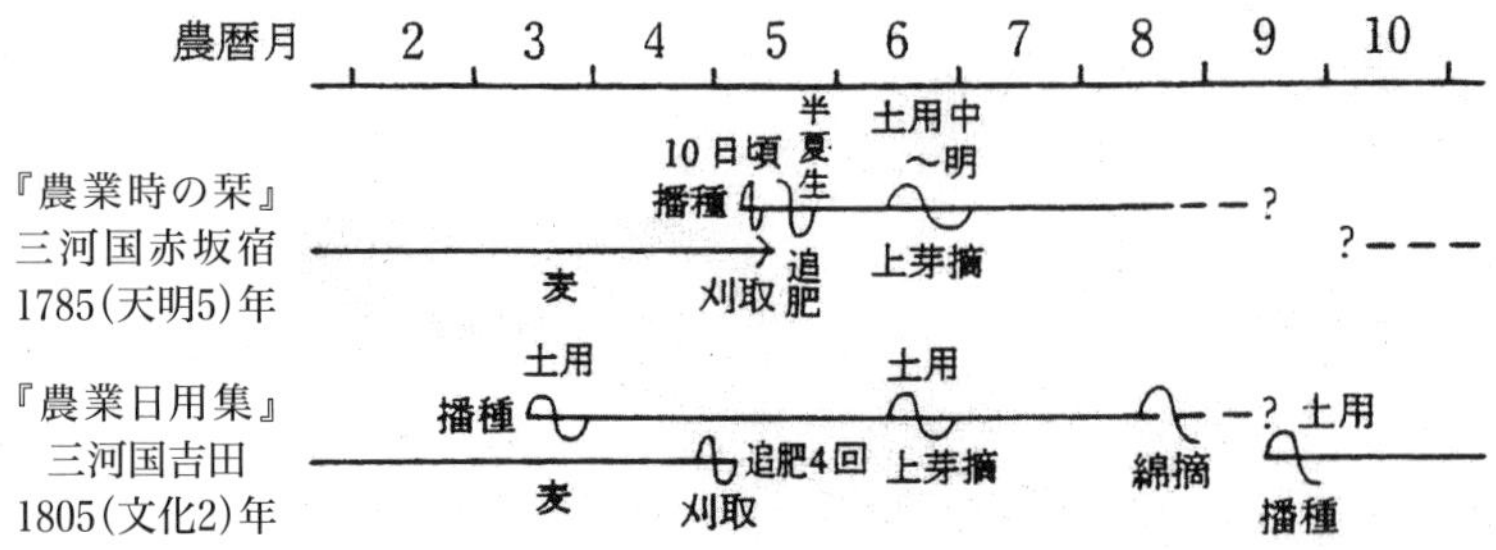

【図5】『農業時の栞』と『農業日用集』の木綿耕作暦

暦など、地域性を明らかにするための基礎的な情報が、『農業時の栞』には欠落している。

木綿作についても同様で、図5に示す程度にしか耕作暦は描けない。したがって、耕作暦を指標にして他地域との比較をおこない、木綿作の地域性を明らかにすることはできない。そこで、『農業時の栞』が記述する木綿作の部分技術をいくつか拾って、その地域性を考察してみたい。

『農業時の栞』乾坤二巻一六二丁のうち、三分の一は木綿作に関する記述である。百姓たちに耕作経験を説いて聴かせる老人は、木綿の耕作技術を細かく説く理由を、次の二つの視点から述べている。

ひとつは、木綿は商品作物であるという視点であり、全国どこでも当てはまる理由である。

作方のうちに綿ほと六ケ敷キ作りハなし　又綿程《ほと》金倍《かさ》のあかる徳《とく》用の多き作りハなき也　故にむつかしき也　万ン事得失《じとくしつ》ハはなれざるものなれハ心懸《かけ》て作度《つくりたき》もの也（一一三〜一一四頁）

もうひとつは、木綿は新来の農作物であるという視点であり、三河国の地理的位置に由来する理由である。

（木綿）種《たね》の唐土《もろこし》より渡《わた》りたるハ　弐百年以来《らい》の事也　此国此辺《へん》にて少々

【表2】『農業時の栞』が奨励する木綿作の部分作業の日どりと方法（『農業全書』との比較）

翻刻本のページ	部分作業の項目	『農業時の栞』が引用する『農業全書』の日どりと方法	『農業時の栞』が奨励する日どりと方法	両者を比較した場合の『農業時の栞』の特徴
110	播種期	（八十八夜過ぎがもっともよい）	農暦5月10日頃	40日ほど遅い
128	浸種の方法	種を水に漬けてから灰と混ぜ合わせ、地面にもりあげて、桶か筵で上を覆い、発芽しそうになったら播く	水に種と灰を入れてかきまわし、その日のうちに播く	催芽しないで播く
127	間作する麦の畝の幅	幅を広くして、麦の条間をなるべくあける	畝幅を広くするのはよくない	畝幅は狭い
127	株の間隔	5〜6寸に1本	5〜6寸に2〜3本	2〜3倍の密植
129	不良苗の間引	1回目と2回目の中耕時におこなう	『農業全書』のとおりでよい。ただし良い種子を選べば、間引きする手間はいらない	良い種子を選べば、間引の手間はいらない
130	苗の移植	密に生えたところは、竹のヘラを使って土をつけたまま移植する	移植した株には実がつかない	おこなわない
130	中耕	5~6回おこなう	蕾がつく時期以降の中耕はしない	回数が少ない
48〜49	追肥の回数	（3回以上おこなう）	1回　生育がよければおこなわない	回数が少ない

（　）は『農業時の栞』に直接引用されていない『農業全書』の記述である。

宛《つゝ》も作り始《はし》めしハ　漸々《ようよう》百年少し余《よ》の事なれハ　作り覚《おほへ》たる農人稀《のうにんまれ》なり　毎《まい》年に不易《ゑき》に取こそ　作り覚《おほ》へたるというへきに　年々《としとし》かじげかちなるハ　是作り覚《おほ》へさる証拠《しやうこ》也　故《かるかゆへ》に綿の作り方をくり返《かへ》し〳〵色《いろ》々の引言《ひきこと》をし　たとへを以《もつ》て物語《ものかたり》する也　外の諸作ハ　人々応方《おゝかた》作り覚へたる故に　咄《はな》すに及《およハ》す（一八五〜一八六頁）

すなわち、木綿作が日本に渡来したのが二百年前、三河国で木綿作が始まったのが百年あまり前で、毎年一定の収穫量が得られるほどには耕作法が確立していないので、様々な例え話を交えつつ、木綿の耕作法を説いて聴かせるというのである。この老人の談義の情報源は、「我等《われら》手にかけ　色《いろ》々ためし作り覚へたる分ン計《はかり》の得失《とくしつ》を物語《ものかたり》するのミ也」（一八六頁）と語っているように、自らの栽培経験の成果であった。

『農業時の栞』は、『農業全書』が記述する、木綿の播種から収穫までの部分技術と比べる方式で、「国所によりて能事も有へけれと」（一二八頁）、「国所《くにところ》によるへし」（一三〇頁）、「国土地にて違《ちが》ふなり」（一三一頁）という言葉を交えつつ、三河国平坦地の自然環境と技術水準に順応する木綿作の技術を述べている。

『農業時の栞』が記述する木綿作の部分作業の時期と要領を、『農業全書』と比較するために、表2を作成した。

『農業時の栞』が説く木綿作の特徴を要約すれば、株間を『農業全書』の半分程の幅にして、『農業全書』ほどには金と手間をかけずに、細く背の高い株に小さい実をたくさんつけさせて、株数と一株当りの実の数で一定の収穫量を確保する方式であった。

◉――『農業時の栞』の木綿作技術の地域性

ここでは『農業時の栞』で老人が言うところの「此国此土地」、すなわち三河国平坦地の耕作技術はどのような特徴を持っていたかについて記述する。

それはひとことで言えば、自給肥料を生産力維持の基礎に置く、元肥《もとごえ》重点方式の労働集約的な技術であり、先進地の畿内から瀬戸内海沿岸地域には及ばないが、開拓前線の関東地方以北よりは高い、両者の中間に位置する中進地の水準であった。

干鰯《ほしか》施用の方法と量、木綿作の部分作業の時期と方法を指標にして、『農業時の栞』の耕作技術の地域性を記述する。

干鰯は、近世に入ってから、単位面積当り収穫量を増やす技術の普及と、イワシ類の漁獲技術の向上と、水陸の物資輸送体系の確立が揃うに伴って、広く使われ始めた購入肥料である。干鰯の長所は、施用前の調製をほとんどおこなわなくてもよいこと、施用後短期間に効果が発現することである。すなわち干鰯は、資金があれば手間をかけずに施用でき、施用量に見合う収穫量を期待できる肥料であった。

木綿作の肥料には、干鰯が多く使われた。木綿の場合、収穫物のほとんどが商品になり、また綿織物になるまでの加工過程でも付加価値がついて、干鰯の購入で投下した資金を短期間で回収できたからである。

一六九七（元禄一〇）年に刊行された『農業全書』には、木綿の芽が生え揃った時に、棒を使って間隔四～五寸、深さ四～五寸の穴をあけて、その中に干鰯か油粕を入れる「棒糞《ぼうごゑ》」（一三巻一三～一四頁）と称する施肥法が記述されている。干鰯は、大きいもの以外は、切り分けずに施用した。

一八三三（天保四）年に刊行された『綿圃要務《めんぽようむ》』も、『農業全書』の干鰯施用法を踏襲したうえで、より細かな施用手順を記述している。

一七八五（天明五）年に著作された『農業時の栞』は、『農業全書』と『綿圃要務』の刊行年の間に位置している。また『農業全書』と『綿圃要務』は農業先進地の農書であり、先端技術を記述している。これに対して、『農業時の栞』は中進地で記述された農書である。また三河国平坦地の先端技術ではなく、毎年一定の収穫量を確保するための農耕技術を記述している。

『農業時の栞』は、干鰯を「出しこゑ」に調製して、木綿に施用することを奨励している。「出しこゑ」は「ほしかと下糞《げす》と一緒《しょ》に水に入レくさらしたる」（一八四頁）液状の肥料であり、その語意を『農業時の栞』は次のように説明している。

　鰹節《かつをぶし》や椎茸干瓢《しいたけかんぴやう》等《とう》を出《だ》しにする心にて　煮汁《にしる》を旨《うま》くする心也　出しからハつかハぬなり　だしこゑも其心にて　ほしかにて水を腐《くさら》し　其水をかける故に出しこゑと号《なづけ》たり（一八四～一八五頁）

すなわち、干鰯と下肥を水に漬けて、液状になった部分を木綿に施用する肥料である。木綿への「出しこゑ」は、元肥と追肥に一度ずつ施用している。深い壌土の畑ならば、「灰《はい》又ハは小便干鰯《へんほしか》をねごゑ（元肥のこと）計りにして作《つく》れバ　ゑミ口宜敷《よろしき》もの也　若糞《もしこゑ》不足《そく》と思《おも》ハ、　半夏《はんげ》じぶんに干鰯《ほしか》の出しこゑ一へんハよろし」（四九頁）、浅い赤土の畑ならば、「根糞《ねこゑ》にハ　下糞《げす》に干鰯《ほしか》を出しこゑにて蒔《まき》付るがよし　（中略）　上糞（追肥のこと）にハ　半夏時分《はんげじぶん》に干鰯《ほしか》の出しこゑ一へんハ宜敷《よろしき》也」（四九頁）といった要領である。

肥料の施用回数を見ると、『農業全書』と『綿圃要務』は元肥のほかに、追肥を少なくとも三度以上施用しているのに対して、『農業時の栞』では追肥は一度で済ますか、生育状況によっては施用しない場合があったことが、上記の引用文でわかる。三河国平坦地では、商品作物の木綿でさえ、元肥重点の施肥法がおこなわれていたのである。

それでは、木綿に施用する種々の肥料の中で、干鰯はどのような位置を占めていたか。『農業時の栞』の記述から推察するに、その施用量は多くなく、かつ何種類かの肥料のひとつとしての地位にとどまっていたように思われる。『農業時の栞』は干鰯の役割について、次のように記述しているからである。

ほしかに作りを生立《そたて》る能《のう》ハ薄《うす》し　雑糞《ぞうごゑ》を引立《ひきたて》　雑糞に生立《そたて》させる能《のう》と　やまひを退《しりぞ》ける能と有（一七一頁）

すなわち、他の肥料の効果を高めるために、干鰯を交ぜて施用するというのである。また、「出しこゑ」は干鰯を水に漬けて薄めた肥料なので、少量の干鰯を一定の広さの木綿畑に万遍なく施用する方法である。他の肥料の肥効を高めるために干鰯を使う方法では、干鰯自体の施用量は少なかったであろう。

◉——地域ごとに異なる農耕技術の発展系列

『農業時の栞』の著作目的は、老人すなわち細井宜麻《よしまろ》が、自宅の背後の耕地で木綿などの農作物を長年実験栽培した成果と、老農たちから聞きとった情報の中から、三河国平坦地に有用な農耕技術を普及させることであった。しかもそれは先端技術ではなく、年ごとの天候の変化に関わりなく、一定の収穫量を確保するための技術であった。その背景には、『農業時の栞』が著作された天明年間は、天候不順による農業生産の沈滞期であったことが強く影響していると、筆者は解釈したい。

このような世相の中で、それほど目新しくもない技術を記述した農書を、多くの人に読んでもらうにはどうすればよいか。著者の細井宜麻は当時の百姓たちが強い信頼を寄せていた『農業全書』の耕作法と対照して、自ら修得した農耕技術のほうが三河国平坦地の自然環境と技術水準に適合することを説明し、また多くの文献の記述を引用しつつ、読物としても興味が持てる工夫をしている。

読者を増やして自ら修得した技術を普及させようとした著者の工夫は、成功したと筆者は解釈している。名古屋の貸本屋「大惣」の蔵書の中に『農業時の栞』は入っているし、また二〇年後に著作された三河国の農書『農業日用集』に『農業時の栞』の木綿耕作法が引用されているからである。

それでは、年ごとの天候の変化に影響されることなく、木綿をはじめとする農作物を、老人の言葉を借りると、「年々替《かハら》すとれる様に作《つくり》」(六一頁)「年々多《おほ》からず少《すく》なからぬ様に作《つく》」(四〇頁)るためには、どうすればよいか。

「三河国平坦地の自然環境に順応する時期に、三河国平坦地の農耕技術の水準で農作物を育てなさい」というのが、老人の基本姿勢である。すなわち、自然環境の大枠と人文環境の中枠の内側に、技術水準の枠をもうひとつ設けて、その枠内で耕作すれば、一定の収穫量を確保できるというのである。

老人は、「農業先進地の耕作法を無批判にとり入れる背伸びした方法ではなく、在来の耕作法のもとで着実な育て方をせよ」と、繰り返し説いている。そして、農業先進地の耕作法を批判的に検討して、在来農法の水準でもおこなえる部分技術のみを導入することを奨励している。このような基本姿勢が『農業時の栞』の著者が主張したかったことであり、それ故に『農業時の栞』は地域性を明らかにしうる史料としての価値を持つのである。

この章では、『農業全書』の木綿作法と比較した場合の、『農業時の栞』の地域性を記述した。著者の細井宜麻によると、三河国では木綿を作り始めてから百年あまりしか経過しておらず、まだ地域の性格に順応する耕作法が定着しているとは言い難い。そこで、著者は『農業全書』が記述する木綿作の部分作業をおこなう時期と方法のうち、三河国平坦地の自然環境と技術水準に順応する耕作法を拾って、老人の口から百姓たちに説いて聞かせている。

『農業全書』と比較した場合、『農業時の栞』の木綿作は、木綿の株を密植して、金と手間をそれほどかけずに、一株に小さい実をたくさんつけさせて、一定の収穫量を確保する方式であった。これらの技術は、近世の農業先進地であった畿内の水準には及ばないが、耕地の拡大段階から既存耕地の高度利用段階に移りつつあった中進地の技術水準を示していると、筆者は解釈する。

このような特徴を持つ『農業時の栞』の耕作技術は、三河国平坦地の農書に継承されていく。

そして、資金は乏しくても、労力を適切に投下して一定の収穫量を得ていた三河国平坦地の技術水準に順応する技術として、木綿作をおこなう人々の間に普及していったと、筆者は解釈している。

筆者が『農業時の栞』から学んだのは、農耕技術が発展していく道は地域ごとに異なることである。農耕技術の相違を、発展段階の差として縦一列に並べるのではなく、まずは地域ごとの相違として横並びに置き換える。次に、それぞれの地域の技術の構成要素を、地域性すなわち地域固有の性格として説明できるものと、地域差すなわちひとつの流れの中で地域間の優劣差として説明できるものとに振り分ける。そして、地域性として説明できる部分は、その地域に普及させるのが適切な方法であろう。

農業は損得勘定だけで価値を判断する経済行為はなく、所与の環境下で生き物を育てた結果の中から、余った部分を人間が受けとる生業である。場所が異なれば生き物の育ち方も異なることは、天候が不順な年にはとりわけ心得ておくべきであろう。『農業時の栞』を読むことで、筆者はこの視点を修得する機会を与えられたと思っている。

V　『農業日用集』に見る東三河平坦地の農耕技術

◉――『農業日用集』は地域に根ざした農書

『農業日用集』は、三河国吉田（現在の豊橋市）魚町の熊野権現社（図2）の社主で、地元では国学者で知られる鈴木梁満《やなまろ》が、一八〇五（文化二）年に著作した短編農書である。『農業日用集』には、木綿《わた》の播種から収穫までの手順と、木綿を含む二毛作の技術が記述されているので、その内容を検討すれば三河国平坦地の木綿耕作法の一端を明らかにすることができる。

三河国は近世後半から近代初期には木綿の主産地のひとつであったが、近代初期の木綿の単位面積当り収量が少なかったことから見て、木綿の耕作技術は畿内と比べると低かったと考えられる。

この章では『農業日用集』の記述から復原した木綿の耕作法を他地域の木綿耕作法と比較して、一九世紀初頭の東三河平坦地における木綿耕作法の性格の一端を明らかにする。なお、『農業日用集』は農耕技術の水準を測る尺度になる木綿の単位面積当り収量を記述していないので、近代初期の統計と記録を用いて、『農業日用集』の技術水準を検討する。

『農業日用集』には序文がないので、鈴木梁満の著作目的はわからないが、著者自ら経験したと思われる一四種類の農作物の耕作法が箇条書き式で記述されていることから、著者自身と子孫の耕作便覧として著作されたものであろう。一四種類の農作物は、木綿・水稲・大麦・小麦・粟・稗・黍・大豆・大角豆《ささげ》・大根・なす・ごぼう・菜種・白ごまであり、およそ各農作物ごとに耕作法が記述されている。

『農業日用集』は「地域に根ざした農書」と位置付けうる四つの条件のうち、長年の営農経験にもとづいて著作されていること、言及する地域の範囲が明らかなこと、農作物の耕作法を記述していることの三つの条件を満たしている。また、『農業日用集』が記述する農耕技術は、資本は乏しくても一定数の労働力が揃っている農家であれば導入できるので、本人の意図の如何にかかわらず、言及する地域への普及が可能である。したがって、『農業日用集』は「地域に根ざした農書」である。

『農業日用集』には二種類の写本がある。ひとつは、吉田城下の西の郊外に位置する羽田《はだ》村の八幡宮文庫が所蔵し、今は豊橋市立図書館の蔵書になっている写本である。これは羽田八幡社主で国学者の羽田野敬雄《たかお》が、鈴木梁満の孫から原本を借りて写したものである。この写本には著作年は記載されていない。本章ではこの写本を、羽田野本と呼ぶことにする。山田久次はこの羽田野本を『日本農書全集』第二三巻に翻刻している。

もうひとつは、吉田城下の南西の郊外にある牟呂八幡社の森田光尋《みつひろ》が一八七一～八四（明治四～一七）年の間に写したもので、この写本は『近世地方経済史料』第八巻と『豊橋市史』第七巻に翻刻されている。この写本の巻末には「文化二年丑八月」と記載されている。本章ではこの写

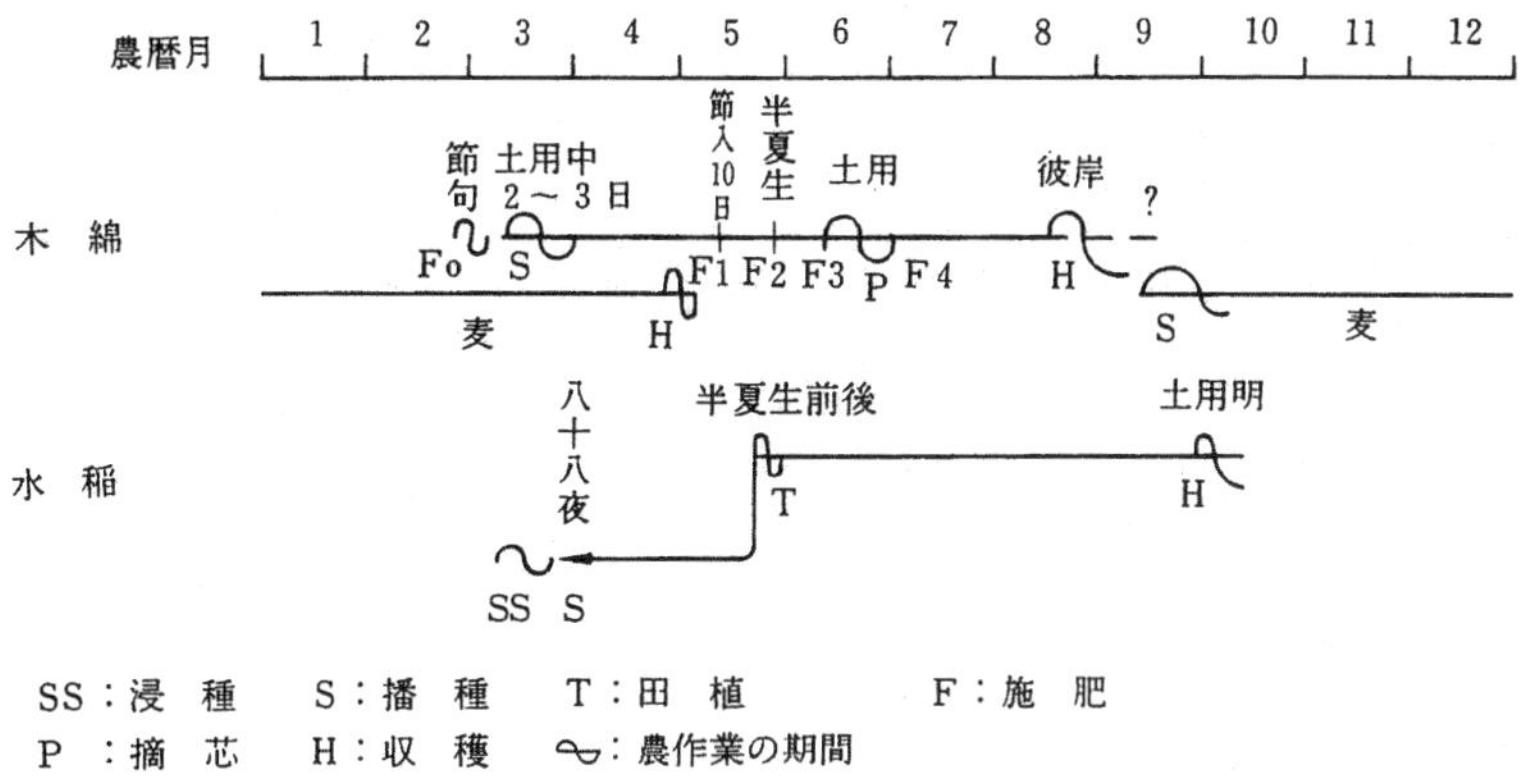

【図6】『農業日用集』が記述する木綿と水稲の耕作暦

本を、森田本と呼ぶことにする。

羽田野本と森田本の記述内容は、筆写人の加筆部分を除けば、まったく一致するが、羽田野本のほうが脱字が少ないので、本章では羽田野本を使うことにする。なお、森田本の表題は『農家日用集』となっているが、ここではより古い時代の写本である羽田野本の表題『農業日用集』を用いる。

◉――『農業日用集』の木綿耕作法

『農業日用集』の記述にもとづいて復原した木綿の耕作暦を、農暦月で図6に示した。木綿作は麦との畑地二毛作でおこなっていた。主な作業は、三月（現行暦の四月）節句前後の元肥《もとごえ》施用から始まる。この時は麦の条間に、小便と干鰯《ほしか》と土肥を混ぜたものを施す。木綿の種子は春の土用に、二〜三日かけて麦の条間に蒔く。播種後、麦を刈りとる五月節前後までは、麦の株間で間作する。

麦の刈りとり後に「目あけ」と称する、麦刈株の除去作業をおこなう。五月一〇日頃の一番肥には小便と腐熟肥を施し、施肥後に除草する。肥料の効果が切れた頃を見はからって、腐熟した自給肥料を二番から四番まで施用する。夏の土用の開花が始まる頃に、「うらどめ」と称する株の先端部の摘みとりをおこなう。株の先端部の摘みとりは、近世中期以降いずれの地域でもおこなっていた作業である。

木綿の実が開いて繊維が見え始めるのが八月初旬、収穫期は秋の彼岸（八月中旬）以降である。木綿の開花期は一か月ほど続くので、収穫期も一か月以上になる。『農業日用集』には収穫の期間が記述されていないが、跡作の麦の耕作暦から見ると、収穫作業は秋の彼岸過ぎから一か月以上にわたって数回おこなわれたと思われる。

木綿は夏作物である。木綿と作季が重なる稲の耕作暦を、『農業日用集』の記述にもとづいて作成し、図6に示した。水田に畑作物を作る年を組み込んで、稲と畑作物を循環作付する方式が田畑輪換である。畿内では木綿は田畑輪換方式でも作付されていたが、『農業日用集』には田畑輪換をおこなうとの記述はない。したがって、木綿と稲が圃場で競合することはないが、作季は重なるので、労働力の配分では競合する。図6によると、稲と木綿の間で労働力が競合する時期は、田植と木綿の二番肥の施用作業が重なる半夏生《はんげしょう》の頃である。また、稲の収穫と木綿跡の麦の播種の時期も重なっていた。ただし、『農業日用集』には作物ごとの作付面積が記述されていないので、繁忙期における労働力配分の状況はわからない。

木綿の作付中に受けやすい害と対策について、『農業日用集』は「農業時之栞　紅葉屋作ト云」の書き出しで、『農業時の栞』の記述を引用している（二七六〜二七七頁）。すなわち、木綿作には「赤てんのこ」「白てんのこ」（病気）・「てふ虫」（害虫）・「つぃり」（長雨）・「てり」（旱害）・「大風」の五難がある。その対策として、木綿を隔年で作付すれば「赤てんのこ」の害を受けることがなく、「白てんのこ」から「大風」までの害から逃れるには、元肥を多く施し、最後の追肥の時期を早め、摘芯を遅らせ、木綿の株を密植せよと記述する。「白てんのこ」から「大風」までの害への対策は、密植して株を早く高く育てることであり、これが三河国平坦地の木綿栽培法の特徴であった。

しかし、開花期以後の長雨への対策はなく、「秋長雨なれバも丶中半くさるもの也」（二七五頁）と記述している。秋の長雨は受粉不全による生殖障害や開絮不全（実の開きが悪いこと）の原因になり、実綿（種子が付いた状態の木綿の繊維）の収量が減るからである。

◉――他地域の農書の木綿耕作法との比較

（一） 耕作暦の比較

図7に示した農書のうち、『綿圃要務』を除く八種類は、地域の性格を明らかにする史料として使える農書である。図7の耕作暦は、およそ北から南に向かって並べてある。

『会津農書』は著作期が古い農書のひとつであり、かつ木綿作北限地の耕作法を伝える農書である。『会津農書』では春の土用に三日かけて播種し、八月節頃から実綿の摘みとりをおこなっている。『会津農書』には、摘芯作業の記述がない。これは最下段に示す『清良記』巻七も同様

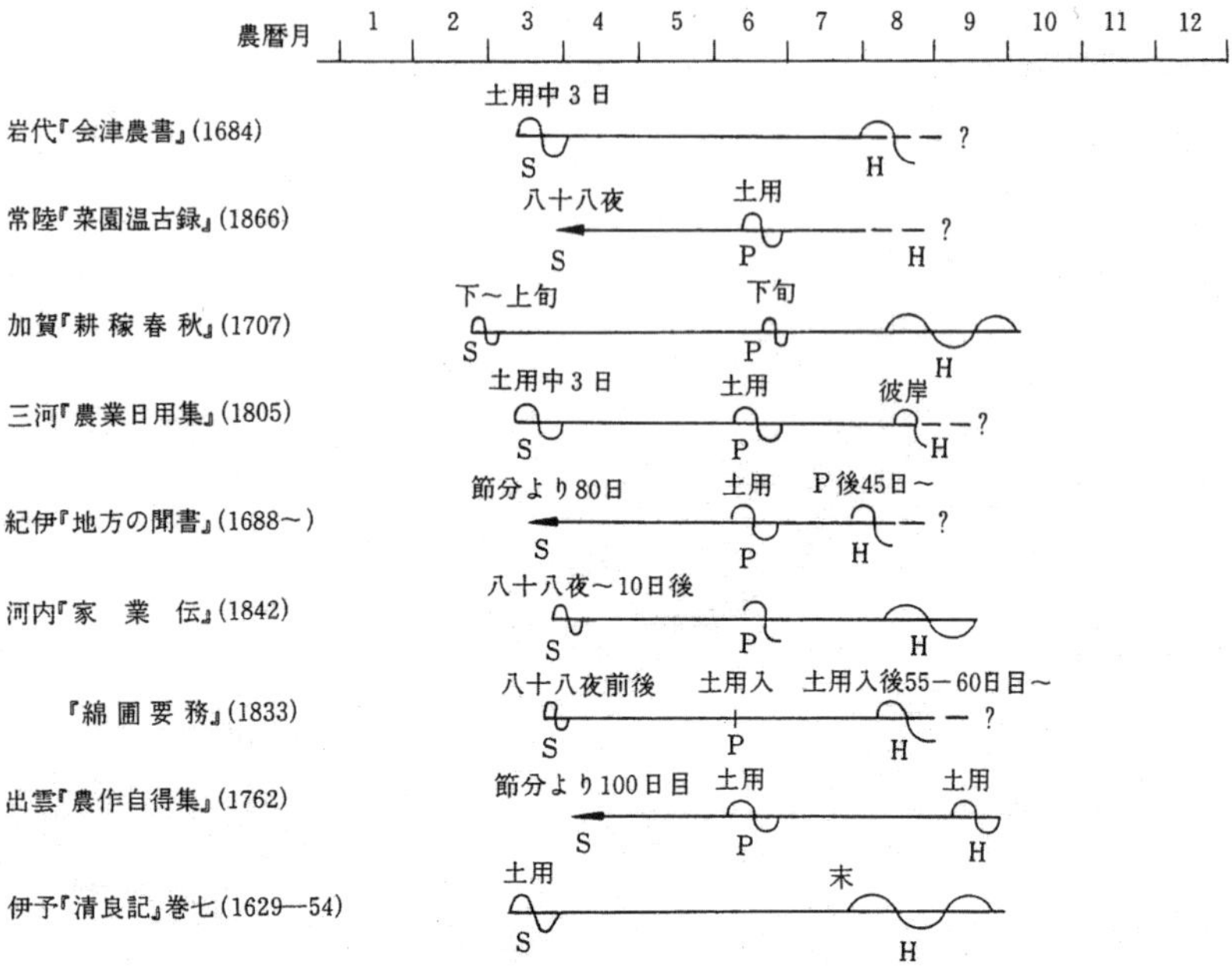

【図7】近世農書が記述する木綿の耕作暦

であることから、著作期が古い農書に共通する特徴である。

常陸国の『菜園温古録』は八十八夜に播種し、夏の土用に摘芯をおこなっている。

加賀国の『耕稼春秋』の播種期は二月下旬から三月上旬で、ここに示す九種類の農書の中ではもっとも早い。木綿の発芽に必要な気温は摂氏一五度以上とされるが、金沢がこの気温になるのは四月初旬（現行暦の五月一〇日前後）なので、木綿の種子は地中で一か月以上過ごしたことになる。他地域の農書は播種後一〇日前後で発芽させているので、『耕稼春秋』の播種期が早いのには理由があったのだろうが、その理由はわからない。

紀伊国で一七世紀末に著作された『地方《じかた》の聞書』（別名『才蔵記』）は、摘芯作業を記述する最初の農書である。『地方の聞書』の耕作暦の特徴は、摘芯から実綿の摘みとり開始までの間が四五日しかないことである。

河内国の『家業伝』と、摂津国の木綿作法を記述したと思われる『綿圃要務』の耕作暦は似ている。両書は近世から近代初期における木綿作先進地の耕作暦の例である。

『農作自得集』は出雲国で著作された農書である。出雲国の冬季の気候は『耕稼春秋』の著作地の加賀国と似ているが、『農作自得集』の播種期は、図7に示した農書の中ではもっとも遅い。伊予国の『清良記』巻七は、現在知られている農書の中では著作期がもっとも古いとされている農書である。『清良記』巻七の木綿の耕作暦は、夏季の摘芯作業の記述がないこと以外では、他地域の耕作暦と変わらない。

これらの諸農書と『農業日用集』の木綿耕作暦を比較する。

播種期は地域ごとに異なるが、各地域の播種期の気温は、『耕稼春秋』を除いて、木綿の発芽に必要な摂氏一五度を超えているので、地域ごとの人文条件の違いが播種期のずれを生んだと考えられる。木綿の播種適期は八十八夜頃だとされているので、『農業日用集』の播種期はもっとも多い事例のひとつである。

摘芯期はいずれの農書も、夏の土用である。したがって、播種期の遅速による生育の早晩は、摘芯期には解消されていたと考えられる。

実綿の摘みとり期は地域ごとに異なるように見えるが、実際には二か月前後ある摘みとり適期の中のいずれの時期を記述したかの違いである。木綿は開花期が長いので、実綿の摘みとりは、地理的位置とは関わりなく八月から九月の間に数回おこなわれた、と筆者は考える。その期間の中で、『会津農書』『農業日用集』『地方の聞書』『綿圃要務』は摘みとりを始める時期を記述し、『農作自得集』は摘みとり盛期を示し、『耕稼春秋』『家業伝』『清良記』巻七は摘みとり開始から終了までの期間を記述したとの解釈である。

以上のことから、耕作暦を見る限り、『農業日用集』の木綿耕作法に地域性は見いだせない。

（二）施肥法の比較

『農業日用集』では、木綿の種子を蒔く前の三月節句頃、麦の条間に小便と干鰯と土肥を混ぜた肥料を施し、追肥の一番は五月一〇日頃に小便と腐熟肥を入れ、二番肥から四番肥（図6）には腐熟肥を入れていた。

表3に示す農書のうちで、施肥回数がわかるのは木綿作の先進地で著作された『家業伝』と『綿圃要務』である。両書とも播種前の元肥と追肥三回で、施肥の回数は『農業日用集』より少ないが、追肥とは別に「水肥」と称する濁水を数回施用しているので、施肥回数で『農業日用集』の技術水準は測れない。

次に、肥料の種類を見る（表3）。著作期が古い農書ほど肥料の種類が少ないか、自給肥料の種類が多い。畿内と畿内に近い地域は購入肥料の種類が多く、畿内から離れるほど自給肥料の種類が多い傾向がある。また、購入肥料の種類が多い農書ほど単位面積当り収量は多い。畿内の農

【表3】木綿耕作法の地域比較

農書名	施肥		二毛作事例	田方綿作の記述	反当り収量（実綿・貫目）
	回数	種類			
会津農書	－	ぬか（基肥） 馬糞	あり(二毛取)	なし	2～3
菜園温古録	－	干鰯、大豆、灰 下肥	麦－木綿	なし	10～30
耕稼春秋	－	鰯粉	麦－木綿	なし	18（上出来）
農業日用集	5	小便、干鰯、土肥 腐熟肥	麦－木綿	なし	－
地方の聞書（才蔵記）	－	油粕 鰯(あまりよくない)	－	なし	－
家業伝	4+3	動物性肥料8種類 植物性肥料9種類 鉱物性肥料2種類	麦－木綿	あり	(32)
綿圃要務	6	干鰯、油粕、人糞 動物毛	麦－木綿	あり	40（上作）
農作自得集	数回	干鰯、厩肥 古ワラ、下肥、水肥	麦－木綿	あり	25～70
清良記巻七	－	－	－	なし	－

書『家業伝』と『綿圃要務』の反当り収量は、『会津農書』の一〇倍以上あった。

『農業日用集』の木綿作の性格を位置付けると、土地利用は集約的で、施肥回数は当時の先進地畿内並みであったが、自給肥料への依存度が大きいことから、その技術は、土地および労働集約的ではあったが、資本集約的ではなかった。

◉――東三河平坦地における木綿の作付地

近世から近代初期の三河国は、木綿主産地のひとつであった。一八七八（明治一一）年『全国農産表』によると、三河国の実綿収量七九九万斤は、河内国に次いで全国第二位であった。河内国を含む畿内の木綿作先進地では、畑方《はたがた》綿作（帳簿上の地目名が畑になっている土地で木綿を作付すること）のほか、田畑輪換や半田《はんだ》（田の一部を掻き上げて畑として使うこと）方式による田方《たがた》綿作（帳簿上の地目名が田になっている土地で木綿を作付すること）もおこなわれていた。

『農業日用集』の著者はどこで木綿を作っていたか。『農業日用集』は畑方綿作について記述しているが、畑方綿作だけをおこなうとの記述はない。したがって、『農業日用集』が著作された地域で田方綿作はおこなわれなかったと断定することはできないが、次に述べる二つのことから、この地域では田方綿作はおこなわれていなかったと考えられる。

第一に、『農業日用集』には田方綿作についての記述がない。表3に示したように、畿内の『家業伝』と『綿圃要務』には、地目上の田における田畑輪換方式による水稲と木綿との輪作、または半田方式による水稲と木綿との同時作の技術が記述されている。東三河平坦地でも田方綿作がおこなわれていたら、それについての記述があってよいはずだが、『農業日用集』には田方綿作の記述は見当らない。

第二に、東三河平坦地に立地する村々の近世文書には、畑方綿作の記述はあるが、田方綿作についての記述を筆者は見ていない。三河国渥美郡手洗《てあらい》村の一七一二(正徳二)年『手洗村差出帳』には「麦ハ壱反ニ付壱斗宛蒔申候　夏作ハあわひへ木綿大豆作り申候」(『豊橋市史』七　一四七頁)との記述があり、八名郡浪之上《なみのうえ》村の一七一二（正徳二）年の『浪上村差出帳』には「畑反作大豆稗木わた粟きひこま小豆作仕候」（同　一六八頁）とあって、いずれも畑方綿作がおこなわれていた。また、渥美郡馬見塚村渡辺家文書の一八〇二（享和二）年『免状』には「九俵三升六合畑方木綿不作了簡引」（『三州渥美郡馬見塚村渡辺家文書』一　二二四頁)、一八一六（文化一三）

年渥美郡大岩町『差出覚』には「当（八）月四日大風雨ニ而田畑諸作皆大痛ニ相成（中略）畑方之儀ハ木綿大豆一同立枯ニ相成」（『豊橋市史』七　二一六頁）と記述されている。

それでは木綿作がおこなわれた畑は、東三河平坦地のどこにあったか。図8は一八九〇（明治二三）年測図の縮尺二万分の一地形図から作成した土地利用図である。『農業日用集』が著作されてから約八〇年後の姿であるが、この間に土地利用を著しく変化させる要因は見いだせない。この図から、台地三か所と豊川の自然堤防上に畑が広く展開していたことがわかる。畑方綿作をおこなう場は、十分にあったのである。

東三河平坦地では、畑で春の間作期を挟む麦と木綿の二毛作がおこなわれていた。したがって、間作をおこなうには麦と木綿は条播せねばならない。『農業日用集』はひとうねに麦と木綿を幾筋作付するかを記述していないが、麦の収穫後の刈り株の除去法と木綿の中耕法から見ると、東西方向に並んでいる麦株の南側に一筋作付したようである。

発芽した木綿苗は間引きした。その間隔は『農業日用集』は三尺当り一〇～一四株で、『綿圃要務』の三尺当り七～一〇株よりも密に植えている。

◉——東三河平坦地における木綿の作付面積比と単位面積当り収量

『農業日用集』には、総作付面積中に木綿がどれほどの割合を占めていたかと、木綿の単位面積当り収量についての記述がない。ここでは、近代初期の統計と記録を用いて、豊川下流域にお

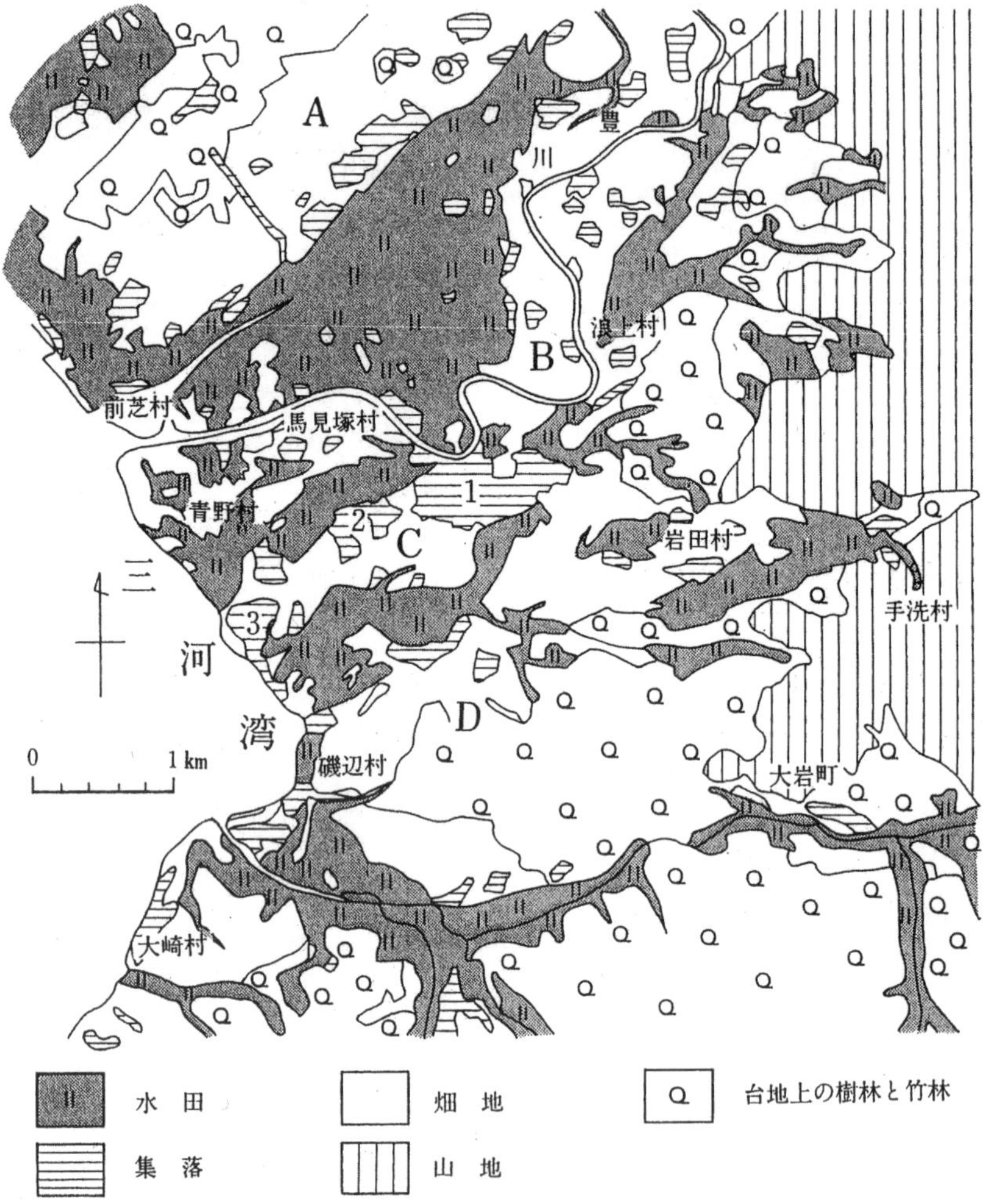

A 小坂井台地　B 豊川の自然堤防帯　C 豊橋台地
D 高師原台地
1 熊野権現社（吉田）　2 羽田八幡社　3 牟呂八幡社

【図8】東三河平坦地における19世紀の土地利用

明治23年測図の縮尺2万分の1地形図（御油、豊橋、老津村、吉祥山、石巻山、二川）から作成した。

海岸線は1800年以降に造成された干拓地を消去した推定線である。

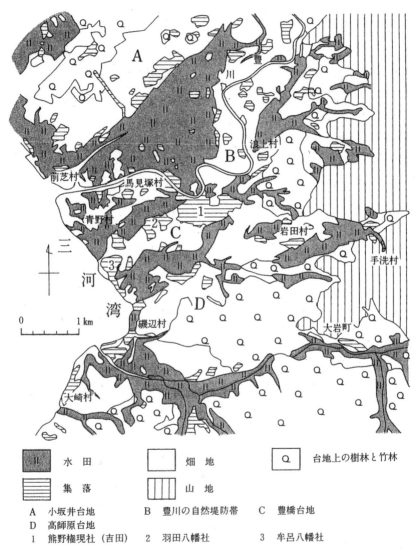

【表4】木綿の作付面積と反当り収量

年　度	作付面積(町歩)			反当り収量(貫目)	
	全　国	愛知県	比率(%)	全　国	愛知県
明治20年	98,469	13,263	13.5	23	23
明治29～30年平均	45,253	3,832	8.5	16	14
明治39～41年平均	7,445	257	3.5	19	17

『日本帝国統計年鑑』(第8, 17, 18, 19, 27, 28, 29次) から作成した。

【表5】明治20年における総作付面積中の木綿作付比

	全　国	愛知県
総作付面積(町歩)	5,825,995	223,276
木綿作付面積(町歩)	98,469	13,263
木綿作付面積比(%)	1.7	5.9

『第８次日本帝国統計年鑑』から作成した。

ける木綿の作付面積比と単位面積当り収量を計算して、一九世紀初頭の木綿作の位置付けと、木綿作の技術水準を推定してみたい。

一八八七（明治二〇）年前後は、日本で木綿の作付面積がもっとも大きかった時期である。『日本帝国統計年鑑』によれば、愛知県における一八八七（明治二〇）年の木綿作付面積は一三二六三町歩、全国総計の一三・五％（表４）で、全国第一位であった。また同年の愛知県総作付面積中に木綿が占める割合五・九％（表５）は、大阪府の九・九％に次いで第二位で、全国平均一・七％の約三倍あった。

次に、一八八七（明治二〇）年『愛知県統計書』から計算した愛知県下の諸郡における総作付面積中の木綿の作付面積比を、図９の上段に示した。これによると、木綿の作付面積比は三河国西部諸郡が高く、三河国東部の平坦地に位置する諸郡は低いことがわかる。また、東三河平坦地の南東部に位置する渥美郡大崎村（図８）の一八七九〜八〇（明治一二〜一三）年『進達書留』（個人蔵）によると、村の総反別二二二町二反歩のうち、木綿は二％で、全国平均の水準であった。これらの数値を見る限り、『農業日用集』

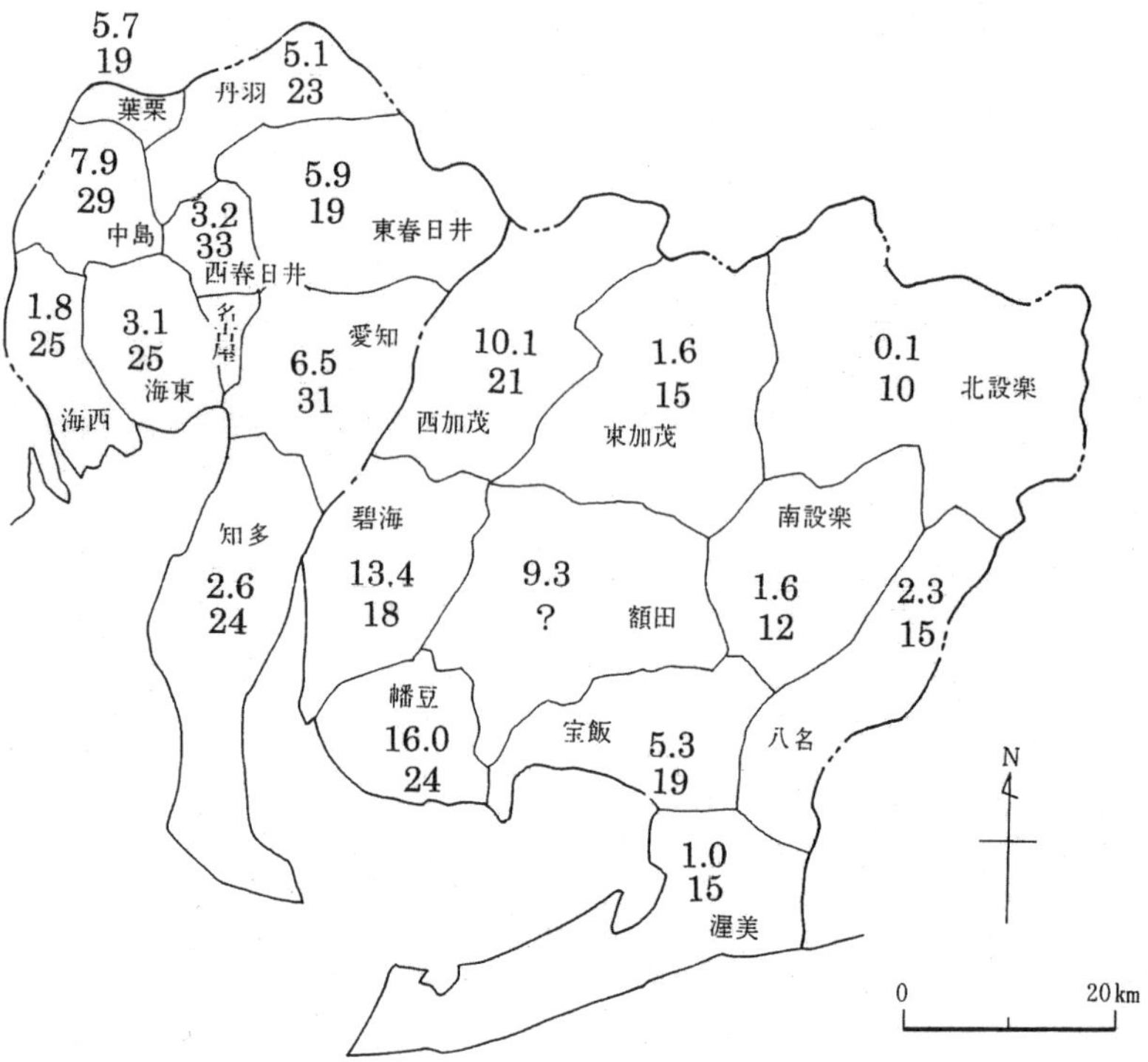

【図9】1887（明治20）年の愛知県下郡別木綿作付面積比と反当り収量

明治20年『愛知県統計書』から作成した。上段は総作付面積中の木綿作付面積比（単位は%）である。下段は反当り実綿収穫量（単位は貫目）である。額田郡は数値に疑問があるので、？で表示した。

が著作された一九世紀初頭も、東三河平坦地における木綿の作付面積比は低かったと思われる。

木綿の収量はどうだったか。一八七八（明治一一）年『全国農産表』によれば、三河国の実綿収量は約七九九万斤、全国総計の約九％で、河内国の約九〇三万斤に次いで第二位であった。また、一八八七（明治二〇）年も愛知県は三一二万貫目で、大阪府に次いで第二位であった。したがって、三河国を含む愛知県の木綿作は、作付面積が大きい割には収量が少なかったことがわかる。これは愛知県の実綿の反当り収量が全国平均値とほぼ同じであったことに表れている（表４）。

木綿は耕作技術の差が単位面積当り

収量に強く影響する作物である。図9から、尾張国諸郡は反当り実綿収量が多いことと、三河国西部諸郡の反当り実綿収量は県平均の水準であったことがわかる。他方、東三河平坦地に位置する諸郡は、木綿の作付面積比と実綿の単位面積当り収量のいずれも低いので、ここは愛知県内における木綿の主産地ではなかったといえよう。

しかし、東三河平坦地の実綿収量を村ごとに見ると、その差は大きかった。図8が示す領域内の村の中から実綿収量が多かった村を拾うと、磯辺村九五〇四貫目、岩田村九〇〇〇貫目、青野村一六二五二斤（二六〇〇貫目）、前芝村二六〇〇貫目で、これら四村以外の村では木綿はほとんど作っていなかった。磯辺村と岩田村は村域内に台地があり、青野村と前芝村は三角州および干拓地に立地しており、いずれも広い畑があった。

◉――明らかになったこと

この章では、『農業日用集』が記述する、一九世紀初頭の東三河平坦地における木綿作の性格を拾い、次の三点を明らかにした。

①『農業日用集』の木綿耕作暦は、他地域の農書のものと変わらない。

②『農業日用集』の木綿耕作法は、麦と木綿の二毛作、中耕除草と施肥の回数および時期のいずれを見ても、木綿作の先進地であった畿内と大きな差はない。しかし、自給肥料の割合が高く、資本集約度は畿内よりも低かった。したがって、木綿の単位面積当り収量は畿

内より少なかったと考えられ、近代初期の統計と記録を使ってそれを間接的ながら裏付けることができた。

③『農業日用集』と近代初期の統計と記録を見る限り、東三河平坦地では畑方綿作がおこなわれていた。麦と木綿の二毛作をおこなった畑は、台地上と豊川河口の微高地上に展開していた。

日本の木綿作は、一九世紀後半に最盛期に達した後、急速に衰退して、二〇世紀初頭にはほぼ消滅した。その理由は、日本で作っていた木綿は、輸入した紡績機が処理できる細糸種ではなかったからであり、日本の気候が木綿栽培に適さないからではない。一九世紀後半の日本における実綿の単位面積当り収量は、世界の木綿主産地のそれと変わらない高さであった。

『農業日用集』が著作された東三河平坦地でも、木綿作は一九世紀末にはほぼ消滅し、畑では木綿に代わる夏作物として甘藷が作付されるようになる。生育途上で多くの労働力を要する木綿とは異なり、甘藷は手のかからない作物だったので、余った労働力のかなりの部分が、二〇世紀に入って盛んになった養蚕に投下されることになる。

〈引用した史料と文献一覧〉

農　書

土居水也（一六二九～五四）『清良記』。（松浦郁郎・徳永光俊翻刻、一九八〇、『日本農書全集』一〇、農山漁村文化協会、三～二〇四頁）。

著者未詳（一六八一～八三）『百姓伝記』。（岡光夫翻刻、一九七九、『日本農書全集』一六、農山漁村文化協会、三～三三五頁、同一七、三～三三六頁）。

佐瀬与次右衛門（一六八四）『会津農書』。（庄司吉之助翻刻、一九八二、『日本農書全集』一九、農山漁村文化協会、三～二一八頁）。

大畑才蔵（一六八八～一七〇四）『地方の聞書』。（安藤精一翻刻、一九八二、『日本農書全集』二八、農山漁村文化協会、三～九五頁）。

宮崎安貞（一六九七）『農業全書』。（山田龍雄ほか翻刻、一九七八、『日本農書全集』一二、農山漁村文化協会、三～三九二頁、同一三、三～三七九頁）。

土屋又三郎（一七〇七）『耕稼春秋』。（堀尾尚志翻刻、一九八〇、『日本農書全集』四、農山漁村文化協会、三～三一八頁）。

森廣傳兵衛（一七六二）『農作自得集』。（内藤正中翻刻、一九八八、『日本農書全集』九、農山漁村文化協会、一九一～二二七頁）。

細井宜麻（一七八五）『農業時の栞』。（有薗正一郎翻刻、一九九九、『日本農書全集』四〇、農山漁村文化協会、三一～一九七頁）。

児島如水・児島徳重（一七九三～一八一八）『農稼業事』。（田中耕司翻刻、一九七九、『日本農書全集』七、農山漁村文化協会、三～一二三頁）。

鈴木梁満（一八〇五）『農業日用集』。（山田久次翻刻、一九八一、『日本農書全集』二三、農山漁村文化協会、二五五〜二八六）。

大蔵永常（一八三二）『再種方』。（徳永光俊翻刻、一九九六、『日本農書全集』七〇、農山漁村文化協会、二五三〜二八三頁）。

大蔵永常（一八三三）『綿圃要務』。（岡光夫翻刻、一九七七、『日本農書全集』一五、農山漁村文化協会、三一七〜四一一頁）。

大蔵永常（一八三五）『門田の栄』。（別所興一翻刻、一九九八、『日本農書全集』六二、農山漁村文化協会、一七三〜二一四頁）。

木下清左衛門（一八四二）『家業伝』。（岡光夫翻刻、一九七八、『日本農書全集』八、農山漁村文化協会、三〜二九二頁）。

加藤尚秀（一八四二）『勧農和訓抄』。（西村卓翻刻、一九九八、『日本農書全集』六二、農山漁村文化協会、二三一〜二八九頁）。

加藤寛斎（一八六六）『菜園温古録』。（川俣英一翻刻、一九七九、『日本農書全集』三、農山漁村文化協会、二一五〜三八四頁）。

農事記録
村松与兵衛（一九世紀初期）『農民常心衛置事』。（早川孝太郎翻刻、一九七三、『早川孝太郎全集』七、未来社、七六〜七九頁）。

村松家（一七九八〜一八九六）『愛知県北設楽郡津具村村松家作物覚帳』。（早川孝太郎翻刻、一九七三、『早川孝太郎全集』七、未来社、二五〜七二頁）。

浄慈院院主三代（一八一三〜八六）『浄慈院日別雑記』。（渡辺和敏監修、『浄慈院日別雑記』Ⅰ〜Ⅴ、二〇〇七〜二〇一一、愛知大学綜合郷土研究所）。

著者未詳（年代未詳）『農業夜咄』。（小野武夫翻刻、一九五八、『近世地方経済史料』四、吉川弘文館、五〜七頁）。

著者未詳（年代未詳）『徳作書』。（野本欽也翻刻、一九八四、『岡崎市史』史料一九、岡崎市、四九四〜四九六頁）。

伊奈可兵衛（一九世紀中頃）『歳時記』。（藤井寿一翻刻、一九八四、岡崎地方史研究紀要一二、五五～六九頁）。

著者未詳（年代未詳）『地方用心集』。（愛知県翻刻、一九三九、『愛知県史』別巻、愛知県、七五四～七六一頁）。

引用文献

古島敏雄（一九七二）「『農業全書』出現前後の農業知識」（『日本思想大系』六二）、岩波書店、四三一～四五二頁）。

飯沼二郎（一九八一）「農書の成立―ひとつの仮説―」（『近世の日本農業』第九章、農山漁村文化協会、三一六～三二四頁）。

豊橋市史編集委員会編（一九七八）『豊橋市史』七。豊橋市、一一三九頁。

愛知大学綜合郷土研究所編（一九七七）『渥美郡馬見塚村渡辺家文書』一。愛知大学、三九四頁。

あとがき

近世農書が記述する農耕技術から、当時の景観と地域性を明らかにする作業をおこなってきた私の、「こだわり」の産物である著書に目を通していただいたことに感謝いたします。

この本に記述したことの大筋は、私が三〇年余りの間に刊行した六冊の著書と同じですが、著書の刊行後に拾った史料は加筆し、解釈が不適切であった所は修正しました。また、難しい文言はわかりやすく書き換えました。

四〇年余り気長くつきあっていただいた諸氏に、改めてお礼申し上げます。

【著者紹介】
有薗 正一郎（ありぞの しょういちろう）
1948年　鹿児島市生まれ
1976年　立命館大学大学院文学研究科博士課程を単位修得により退学
1989年　文学博士（立命館大学）

現在、愛知大学名誉教授
研究分野＝地理学。農書類が記述する近世の農耕技術を指標にして、地域の性格を明らかにする作業を半世紀近くおこなってきた。

主な著書
『近世農書の地理学的研究』（古今書院）
『在来農耕の地域研究』（古今書院）
『近世東海地域の農耕技術』（岩田書院）
『農耕技術の歴史地理』（古今書院）
『地産地消の歴史地理』（古今書院）
『近世日本の農耕景観』（あるむ）
『近世庶民の日常食』（海青社）
『ヒガンバナが日本に来た道』（海青社）
『ヒガンバナの履歴書』（あるむ）
『ヒガンバナ探訪録』（あるむ）

愛知大学綜合郷土研究所ブックレット ㉙
三河の農書
2019年７月20日　第１刷発行
著者＝有薗 正一郎 ©
編集＝愛知大学綜合郷土研究所
〒441-8522 豊橋市町畑町1-1 Tel.0532-47-4160
発行＝株式会社シンプリ
〒442-0821 豊川市当古町西新井23番地の3
Tel.0533-75-6301
http://www.sinpri.co.jp
印刷＝共和印刷株式会社
ISBN978-4-908745-06-5　C0339

刊行のことば

愛知大学は、戦前上海に設立された東亜同文書院大学などをベースにして、一九四六年に「国際人の養成」と「地域文化への貢献」を建学精神にかかげて開学した。その建学精神の一方の趣旨を実践するため、一九五一年に綜合郷土研究所が設立されたのである。

以来、当研究所では歴史・地理・社会・民俗・文学・自然科学などの各分野からこの地域を研究し、同時に東海地方の資史料を収集してきた。その成果は、紀要や研究叢書として発表し、あわせて資料叢書を発行したり講演会やシンポジウムなどを開催して地域文化の発展に寄与する努力をしてきた。今回、こうした事業に加え、所員の従来の研究成果をできる限りやさしい表現で解説するブックレットを発行することにした。

二一世紀を迎えた現在、各種のマスメディアが急速に発達しつつある。しかし活字を主体とした出版物こそが、ものの本質を熟考し、またそれを社会へ訴える最適な手段であると信じている。当研究所から生まれる一冊一冊のブックレットが、読者の知的冒険心をかきたてる糧になれば幸いである。

愛知大学綜合郷土研究所